建筑和环境的
艺术设计与创作构思

刘永德　罗梦潇　崔文河　著

中国建筑工业出版社

图书在版编目（CIP）数据

建筑和环境的艺术设计与创作构思／刘永德，
罗梦潇，崔文河著. —北京：中国建筑工业出版社，
2020.3

ISBN 978-7-112-24674-8

Ⅰ. ① 建… Ⅱ. ① 刘… ② 罗… ③ 崔… Ⅲ. ① 建筑
设计–环境设计–研究 Ⅳ. ① TU-856

中国版本图书馆CIP数据核字（2020）第022134号

责任编辑：刘　静
版式设计：锋尚设计
责任校对：王　烨

建筑和环境的艺术设计与创作构思
刘永德　罗梦潇　崔文河　著
*
中国建筑工业出版社出版、发行（北京海淀三里河路9号）
各地新华书店、建筑书店经销
北京锋尚制版有限公司制版
北京中科印刷有限公司印刷
*
开本：787×1092毫米　1/16　印张：16¼　字数：354千字
2020年8月第一版　　2020年8月第一次印刷
定价：72.00元
ISBN 978-7-112-24674-8
（35343）

　　建筑与环境，都是人们生活与工作的行为场所，二者既是物质形态的存在形式，也是生命和生活意义的载体。表面上看似复杂，实质却很简单。人类社会中的物理形态，其内涵都离不开宜居、宜工、宜行这一根本，都要围绕人在社会生活中所发生的"衣、食、住、行、医、乐、礼"，"琴、棋、书、画、诗、工、酒"，"柴、米、油、盐、酱、醋、茶"；以及情感上的"喜、怒、哀、乐、爱、恶、欲"。所以，建筑与环境艺术的创作，都要以人的需求与满足为中心，既合目的性，又合规律性，以不断增长的物质需求和理想夙愿作为动力，以经济为基础，以科技为手段，以提高生活品质为目标，按"适用、经济、绿色、美观"八字方针，进行具体实践与创作。

　　随时代发展，建筑与环境早已脱离了单纯作为庇护所的原型，并由"功能论"、"就建筑论建筑"的雏形，进入到建筑与环境共生，以及由经济、哲学、生态、心理、艺术、社会生活与习俗交叉渗透的"广义建筑学"阶段，已经打破了单一学科的壁垒，更加开放地走向综合艺术领域，在学科间相互融合，相互渗透，互动与互补。

　　实践证明，城市与建筑的本质，并非是可以看得到的物理躯壳和它表现出的数学相加，而是使用它的人，是虚拟的空间，是人的交往与联系，是它所承载的人与自然、场所、环境艺术氛围所发生的关联。有鉴于此，本书的图示和文字，正是以人为中心，将创作的出发点与落脚点都聚焦到人生的意义，理想追求，空间的体验，情感的抒发，审美的心态，意境的生成，形态构成的动因等与人相关的母题之中。既无空泛的论述，也没有毫无内涵的形式。尽管图像表达并非张张到位，但都是有的放矢，尽可能走进人们的生活，可以落地生根。同时，为了弘扬民族文化，坚守民族的根与魂，在努力吸收外来经验基础上，坚持以中为体，将时代性与民族和地域文化有机结合。本书全部以自创自绘的形象语言与读者展开交流。所展现的内容权当以文艺沙龙的形式与读者商讨，不足之处在所难免，敬望批评指正。

　　本书吸取了罗梦潇博士论文中许多观点以及相关的图稿，参照了崔文河副教授在地域文化研究中的一些宝贵经验。

　　在编写过程中，由于认识上不断提升，曾三易其稿，最终成文，在初稿编辑中曾获得数名硕士研究生的热心帮助。他（她）们是令狐梓然、任跳跳、王华梓、宋嘉欣、吴艺婷、陈振东、王炜、刘昕宇，武琪、任捷、刘文轩、张雪珂、张琪、黄晓茜、王哲、姜小涵、李玉英、刘玥含、任欢、杜悦、魏帆等同学。在此一并表示衷心感谢！同时还要感谢我的家人刘晓航、刘艳晖、罗云、熊笃强，为了支持我的工作，在书稿打印和生活上给予热情支持与帮助。

2019年7月

CONTENTS

目 录

第一部分

创作的理念

01

理念是创作之舵

1-1　理念——创作之舵

理念，泛指经分析形成的理想目标、精神向往、设计立意、创作主题、整体观中对主要矛盾的定性与定位、价值观念等。它是理性的思维，不是一时的冲动和仅凭感觉臆断的普通想法。

理念有如航行的舵、汽车的方向盘、定向的指南针。没有正确的理念难以到达理想的彼岸。人的一切行为都受动机和目标支配。艺术的创作，也须有明确的主题和目标，也要有整体观念和创作的切入点。

理念，没有统一的固定模式，也不是某个人一成不变的终生信条。虽然与创作者的理想、意志、情感、性格、爱好、专长有关，但要根据需要和不同环境条件而变化。建筑大师，我们的老前辈贝聿铭先生，一生中做过无数的优秀建筑设计，从美国的大气研究所，到日本的美秀美术馆、中国的苏州博物馆，都具有不同的创作理念，从内容到形式都体现了个性的差异，值得我们认真学习。以苏州博物馆为例，虽然苏州是贝老的家乡，对苏州的地理、民情、园林艺术都很熟悉，但在苏州博物馆的概念设计中为了缜密地思考，形成创作的理念，竟用了六个月的时间，其间也与国内的知名学者进行无数次交流，最终完成了受到众人称赞的佳作。相比之下，我们却常在工程任务面前进行快餐式、速成的翻版式设计，谈不上有什么明确的创作理念，甚至是单凭个人的一技之长，到处贴上"复古""玩弄表皮""求洋、求怪"的标签。在风景园林中也常把"文化柱、旱喷泉、雕刻墙、花地毯、几何式拼凑"看成是统一的模式，代替了创作理念。实际上，不论建筑或园林艺术，由于所处的时空条件差异，应表现各自的特殊性，才符合正常的逻辑。

强调理念，同时也必须具有与理念相匹配的方法、策略、途径、切入点，以及相应的技巧，才能走进生活、落地生根。思考问题的出发点与落脚点，应当是一致的。

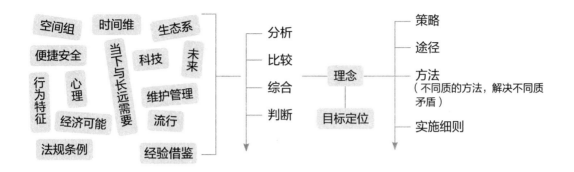

1-2 对城市本质的再思考

类型学把城市归结为建筑、街道、广场三种要素。这是基于物质层面的。

凯文·林奇的城市意象：域面、道路、边界、节点、标识五种元素，是从心理认知层面提出的（两千六百人的表象调研）。

一般人常以"高楼大厦""豪华壮丽""整洁美观"对城市进行点评，偏重于表面形象，或称之为风貌。

以上三种，都是指从外部形象获得的第一印象，也是城市应当具有的。但是，城市毕竟是居住、工作、学习、经营、生活、进行社会交往的功能和文化载体，其主要矛盾决定了事物的性质。所以城市的本质不是外表形态和物质躯壳，而是聚居其中的人的内在体验，宜居、宜工、宜学、宜商、宜于健康、便捷、安全是首要的。所以美国城市评论家简·雅各布斯在《美国大城市的死与生》中说："城市的本质不是建筑（泛指人工构筑物——笔者注），而是人"，是街道公共空间中人与人、社区与社区的关联，主张城市要有多样性，要有"街道眼"，街道是城市的血脉，要有活力，要相对聚拢才有安全，一切要从人的需要出发，城市要以满足人的需要为目标。这些主张和近期中共中央和国务院出台的一系列政策是一致的。

为了充分体现城市本质应以人为中心的价值观，必须重点关注作为多种功能载体的城市街道这一公共空间的开发、利用、改造环节，力求体现开放、共享、便捷、安全、多效益、多层次。这也是本书的核心内容。

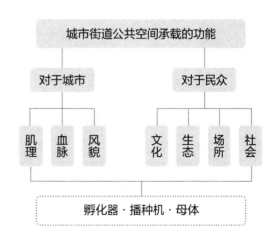

1-3 城市：一本打开的书、开放的博物馆、历史的记录

美籍芬兰裔建筑师小沙里宁曾说："城市是一本打开的书，从中可以看到它的抱负"，"让我看看你的城市，我就能说出这个城市居民在文化上的追求是什么"。

封闭的博物馆，存放的是由文物原产地汇集的第二文化载体，人们在参观时通过情景再现领悟历史的辉煌和文化价值，从中直观自身，激发民族情怀。当下的城市是现实版的第一文化载体，直观地感受城市风貌、民俗民风、礼仪、流行，岂不是更有文化价值和教化作用吗？作为历史的记录，城市承载着过去、现在和未来的记忆、共享和憧憬。因此，让城市绽放更大的光芒，应是我们从业者的历史重任！

城市的承载

城市因有人的聚居而存在；

人的活动赋予城市以活力；

夜晚走在无人的街道是恐惧的；

人的行为的党方策略；

争相与行为给城市打下历史烙印；

承载历史的记忆；

述说曾经发生的故事；

有温度、有情感、有诗意；

宜居·宜工·宜学；

生活的舞台，心灵的故乡！

展示城市的抱负居民的追求

1-4 建筑的创作

独上高楼，望断天涯路；欲穷千里目，更上一层楼

广义的建筑
可理解为单指建筑的本体（躯壳），也可按共生论，涵盖空间、庭园、外部环境；亦可指广义的建筑学科——涵盖政治、经济、科技、艺术、行为、社会生活多学科渗透。

目的与规律
既合目的性，又合规律性。目的性，即围绕建筑的功能，性质，人、建筑、环境的和谐共生等本质从事创作。规律性，即按不同的方法解决不同质的矛盾，综合地解决各种复杂的矛盾。

设计的构思
被动构思：按已知的条件、规范、规定、红线控制、任务书要求进行设计；
主动构思：在任务规定之外，进行重点突破，选择切入点，超常地发挥。

设计的综合
哲学的、科学的、艺术的综合，赋予行为、思维、情感以秩序。综合不是数学、物理和几何的罗列与相加，而是一种融合、渗透、包容、共生，形成整体性。

情与理并重
建筑创作既不同于艺术创作也不同于纯工程制造，它是在情与理双轮上运行，体现理性与浪漫的交织。既缘于理，又融于情。

象天法地
受天人合一的哲学观，道家的"人法地、地法天、天法道、道法自然、法天地、师造化"的玄学影响，以及堪舆学、占星术、神话传说和仿生学影响，传统建筑常取象征符号表达形象，或按宇宙图式组织空间。

经纬编织
以时间的经线（时代性）、空间（地域性、民族性）的纬线进行时空的组构。传统建筑未能出现同质化，正因存在荆楚、燕赵、齐鲁、岭南、闽粤、秦陇、吴越、两晋、西蜀、塞外、辽等地域特色而未趋同。一方水土养一方人，千里不同俗、百里不同风、十里不同音。

建筑根植于母体环境之中，体现有机生长性，建筑与人、环境和谐共生，自然包围建筑，建筑融入自然。建筑与建筑遥相呼应，相似又相异，异形而同构。

以人为中心

坚持以人为中心：创作的出发点与落脚点

故道大、天大、地大、人亦大

人是行为主体
主体的人与客体的环境，是内因与外因、反应与刺激、动因与诱因的关系，人是有思想、有情感、有理想追求的灵长类动物、环境的受益者。人既是艺术的欣赏者又是艺术的评价者。

大众行为与环境设计
大众行为是设计的指南针、方向盘、晴雨表。设计的创作，既要满足有鉴赏能力的内行，也要适应大多数人的需求，力求雅俗共赏、开放共享、便捷安全。

多层次、多样性
人心不一，各如其面。大众需求是多层次的，环境设计要满足多样性。

场所的创造
要想留住人，必须有相应的场所和活动的内容，方能使人流连忘返。对于自主性行为，必须提供随机、随性、随意选择的可能性。

走进生活
环境组景，要体现神、情、理、趣、韵俱全，喜闻乐见，易读、易懂、易参与，有情调，兼有催人奋进的正能量，寓教于乐。

参与效应
人人参与建筑、参与治理、参与享受。人人受到尊重、有获得感。

空间，因人而活，人赋予空间以活力；空间，生活的舞台，行为的导演。

人是行为的主体

人的本质特征

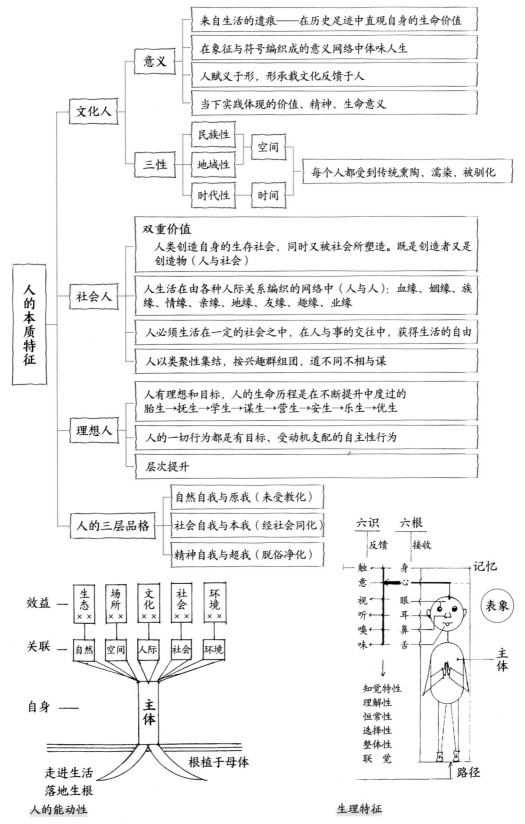

人的能动性

生理特征

心理学知识框架

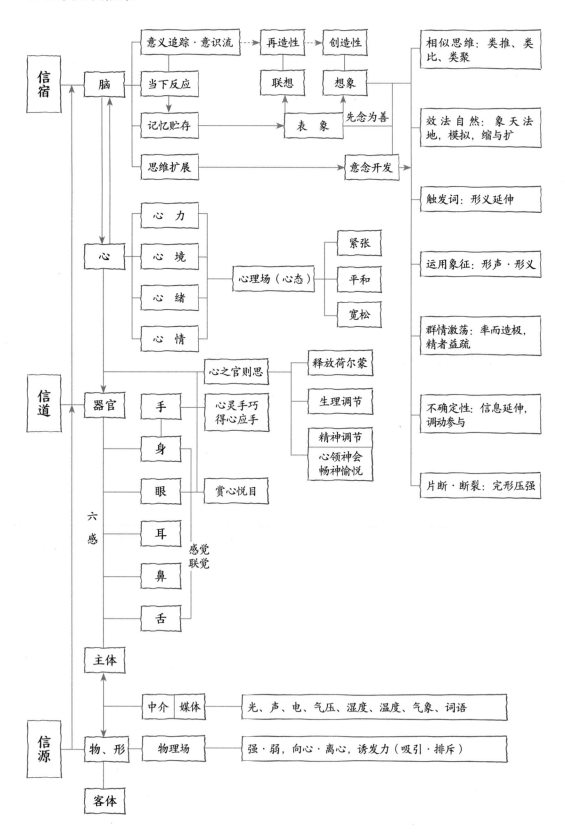

格式塔心理学

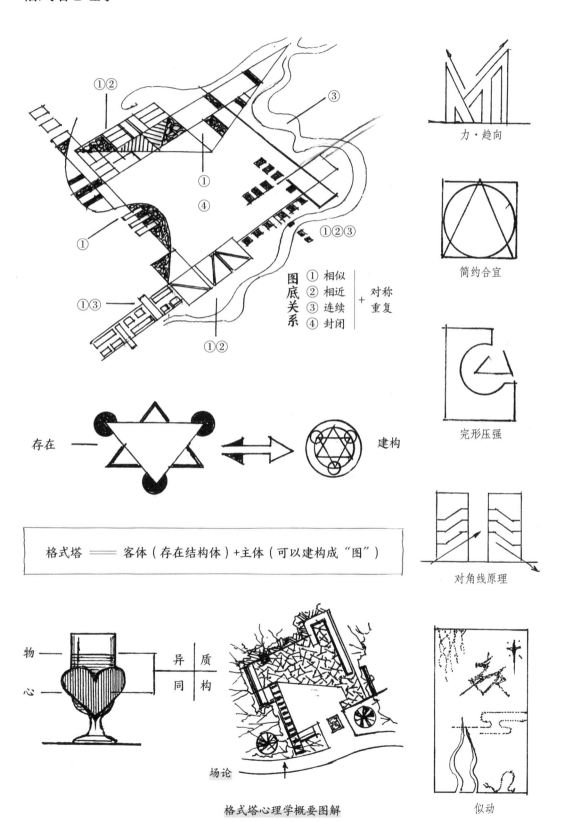

力·趋向

简约合宜

完形压强

对角线原理

图底关系
① 相似
② 相近
③ 连续
④ 封闭
+ 对称重复

存在 —— ⬌ 建构

格式塔 ═══ 客体（存在结构体）+主体（可以建构成"图"）

物
心
异 质
同 构

场论

似动

格式塔心理学概要图解

格式塔心理学

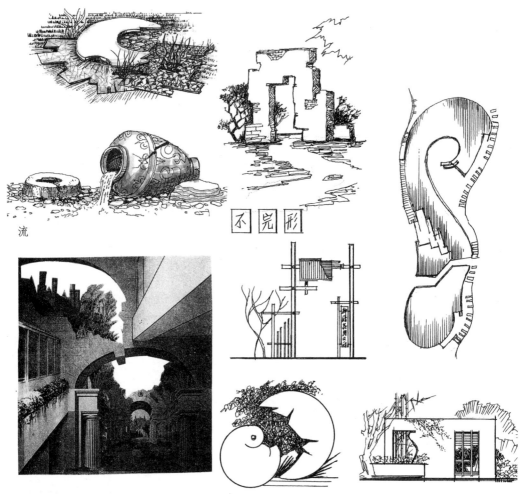

流

不完形

格式塔心理学主张用不完形、片断之形、造成
向完形归位的心理指向——"完形压强"。

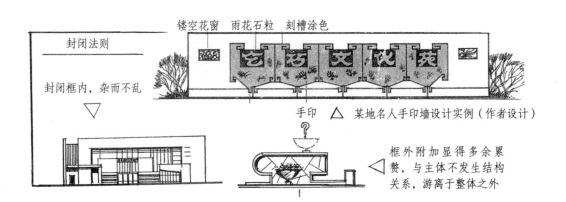

格式塔心理学（应用举例）

心理学的应用

分清记号与符号：

　　记号，凭直观感受到的形只代表自身，即1=1，纯属单纯的条件反射；

　　符号，含有形以外的寓意，产生信息，衍生1=n，寓有内涵，思而得知。

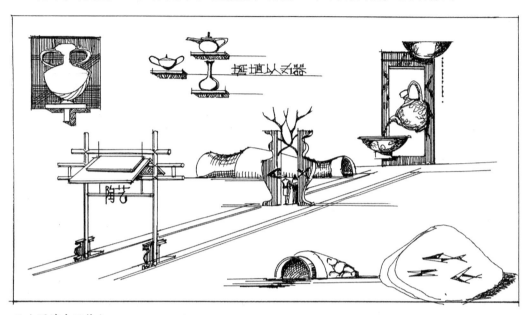

从上图读出了什么？

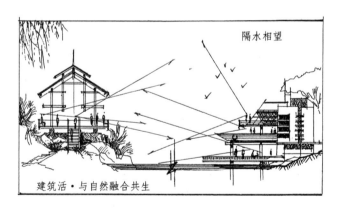

物理空间与视觉空间：

　　物理（建筑）空间：实际存在的三维空间，长、宽、高是定量不变的。

　　视觉空间（心理反应）：虽缘于物理空间，但由于注视范围、经验阅历、中介干扰、视错觉等因素影响，而产生夸大、缩小、全景、特写、忽略、附加等不同感受，亦可无中生有、虚化成形。

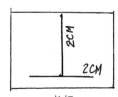

长短

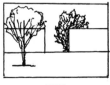

远近

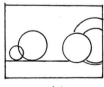

对比

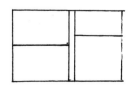

上下、左右

从上图注意到什么？

视错觉

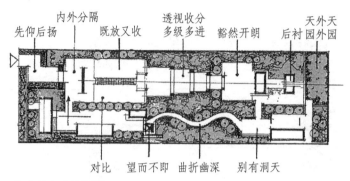

先仰后扬　内外分隔　既放又收　透视收分　豁然开朗　天外天
　　　　　　　　　　　　　多级多进　　　　　后衬　园外园

对比　望而不即　曲折幽深　别有洞天

小中见大手法图解

　　　传统造园设计中，常采用视觉调整方法，如小中见大、咫尺天涯、可望不可即、半藏半露、改变透视关系促进景深等。

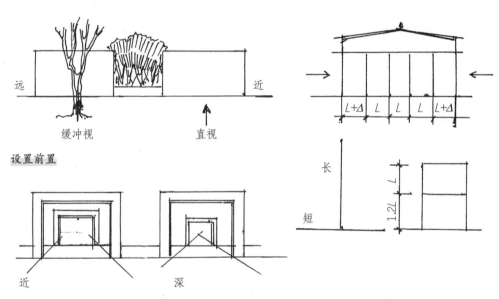

远　　　　　　　　　近

缓冲视　　　　　直视

设置前置

$L+\Delta$　L　L　L　$L+\Delta$

长　　　短　　　$1.2L$

近　　　　　深

改变透视

相等时竖长横短　相等时上重下轻

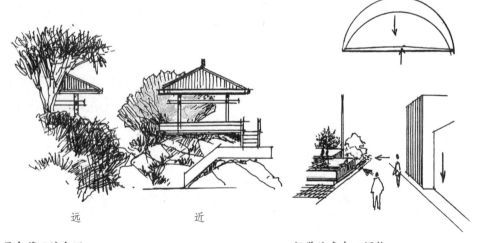

远　　　　　　近

景愈藏而境愈深　　　　　**视觉注意中心调整**

视觉心理学

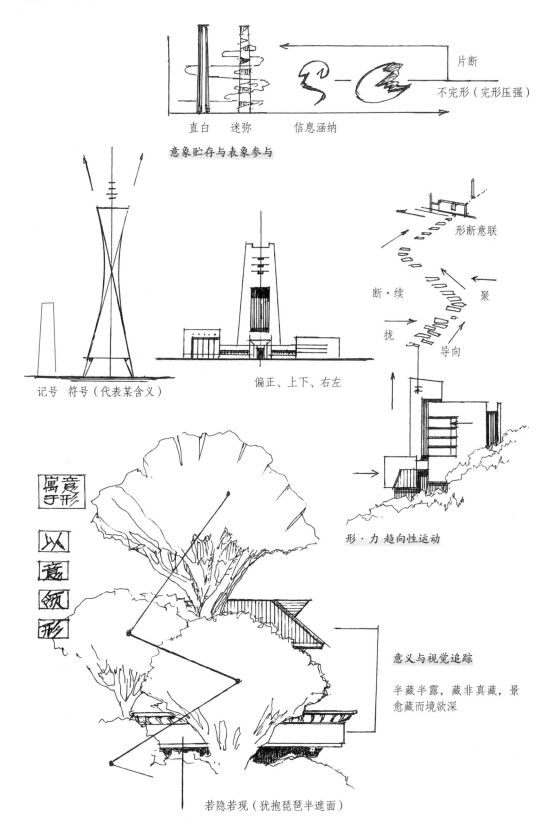

意象贮存与表象参与

记号 符号（代表某含义）

偏正、上下、右左

形断意联

形·力 趋向性运动

意义与视觉追踪

半藏半露，藏非真藏，景愈藏而境欲深

若隐若现（犹抱琵琶半遮面）

寓意于形

人造月亮山（仿承德避暑山庄文轩阁之例）

利用阳光投射入阴面水池。月亮情节——中国人特有的情愫，月影可变体，亦可用底衬形成。

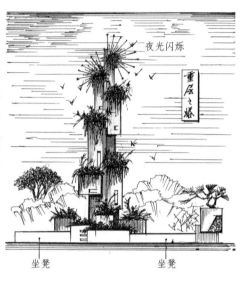

叠翠峰

采用集装箱式体块叠落成塔状，在槽内种植花草，形成垂直式绿化景观，下部可以布置休息凳椅。

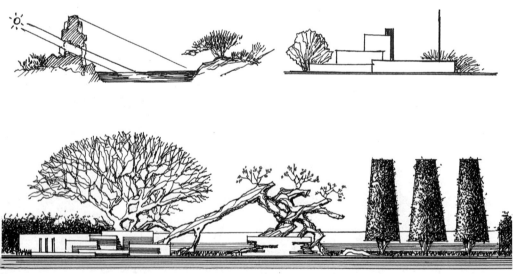

根

中华民族的精、气、神，风韵无边、根深叶茂。

寓意于景

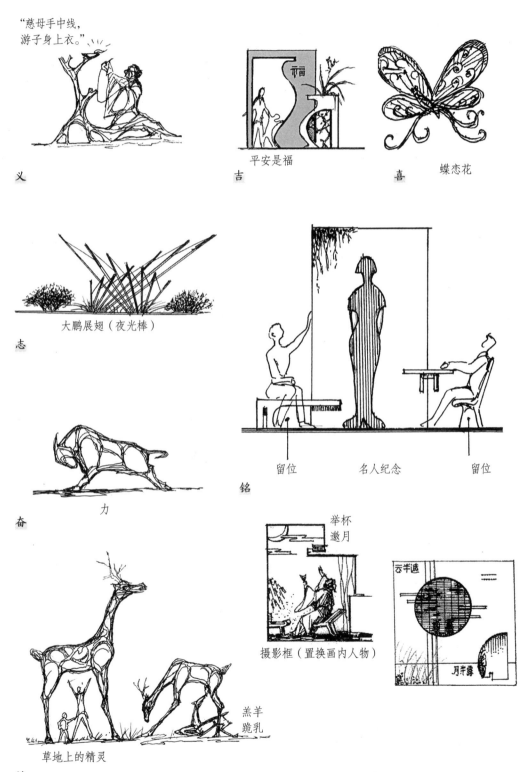

"慈母手中线，
游子身上衣。"

义

平安是福

吉

蝶恋花

喜

大鹏展翅（夜光棒）

志

留位　　名人纪念　　留位

铭

力

奋

举杯
邀月

摄影框（置换画内人物）

羔羊
跪乳

草地上的精灵

情

以意领形、赋形授义

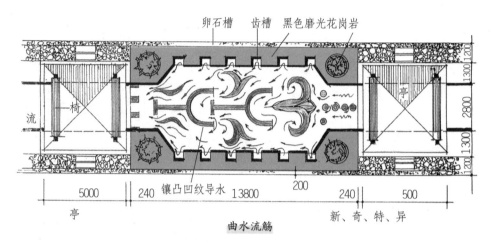

卵石槽　齿槽　黑色磨光花岗岩

流　椅　亭

5000　240　镶凸凹纹导水　13800　200　240　500

亭　曲水流觞　新、奇、特、异

建筑及环艺创作，皆可先有命题和文章立意，以意领形。中国诗词、成语皆可用来创造。

"十里蛙声出山泉"

隔景　模拟山丘

竹　湾　卵石　庭　绿篱（下部垫土）

生态谷

利用清水湾和弯月草丘和隔景增加景深形成山水画卷，构成人造山水园厅。

2015.6

山西后土祠

"踏花归来马蹄香"

　　山西后土祠（纪念女娲娘娘）中的秋风楼，源于汉武帝祭后土祠时曾作的一首诗：《秋风辞》。清光绪年为纪念汉武帝吟诗而建此楼，楼因辞建，辞因楼兴，原本感叹生死与爱情的文作，却以古义斑斓的建筑雄姿诠释出来。

诗情画意

"去年今日此门中，人面桃花相映红。
人面不知何处去，桃花依旧笑春风。"（崔护）

坐椅

中国韵

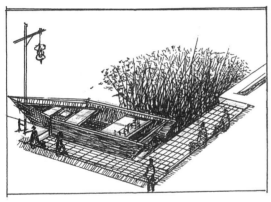

怀古 趣味场

"独怜幽草涧边生，上有黄鹂深树鸣。
春潮带雨晚来急，野渡无人舟自横。"（韦应物）

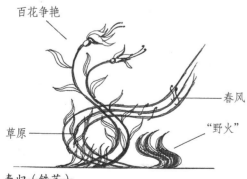

百花争艳

春风

草原

"野火"

春归（铁艺）

"离离原上草，一岁一枯荣，野火烧不尽，春
风吹又生。远芳侵古道，晴翠接荒城。又送
王孙去，萋萋满别情。"（白居易）

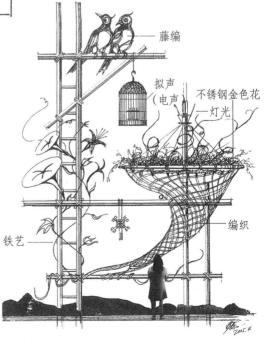

藤编

拟声
（电声）

不锈钢金色花

灯光

铁艺

编织

景观小品

第二部分

创作的思维与方法

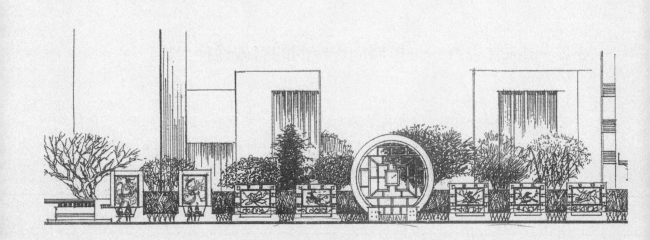

与思维相关的理论

3-1　思维·情感·逻辑——艺术创作之必备条件

思维，是艺术创造力强弱的分水岭。扩展与开发思维是增强创造力的必要条件。怎样扩展思维？可以借助于已有的定性法、定量法、列特性表、群情激荡法、类比、类推、相似性思维、联想、想象、触发词、仿生学、缩扩自然等方法；以及不断观察体验、制作模型等手段，促进思维的延伸，让思维沿着理想目标进行纵横向流动扩展，借以打破心理定式。艺术的生命在于创造，不能进行思维的延伸与发散，即不可能有创作力的发挥。

情感，是艺术作品的内涵与表达，也是作者情感的投入与转化。艺术为情感的符号，赋形授义，富情于景，才能具有感人的艺术魅力，打动观赏者的情思。故，自古以来就有情景合一之说。"情乃景之情，景乃情之景，名为二，实为一。"

逻辑，是指思维与论证有效性的规范和准则的科学合理性，是指推理和判断（论证）的原则，即所谓的充足理由，因果关联，思维的规律，主、客观认识的一致性。然而艺术的创造有别于其他科学与技术的创造，它是以生活与社会逻辑为参照的，判断是否能走进生活，符合生活的规律，符合社会行为与规范。所以，艺术即是生活，从生活中来，到生活中去，"源于生活、高于生活"。切忌从概念到概念，仅凭主观想象，想当然地主观臆断。

3-2　相似性思维——扩展创作空间的有效途径

在两千多年前，中国的先哲荀子就以类比、类聚、类推的方法去认知世界，他曾说："名言而类圣人也"，看待事物要"以类行杂，以一行万"。汉代大儒董仲舒则将人与自然关系说成是"天人感应"。近代格式塔学派则将心理世界与物理世界说成是"异质同构"。按东方哲学体系，一直将天、地、人看作是"合一"关系，主张"物我同构""心物不二""情景合一""知行合一""精一通百""隔行不隔理"。德国哲学家、数学家戈特弗里德·威廉·莱布尼茨，更将相似性看作是事物的普遍性，他曾说："只要你想到事物的相似性，你就想到了某种不止于此的东西，而普遍性无非就在于此。"由此，可以在艺术创作中利用相似性思维，借用仿生学、仿真技术、自然天地、生活事件、内心情感进行异形同构、情景互动、人格化自然等创作，为创作空间打开一座门，开启一扇窗，开辟一条路。

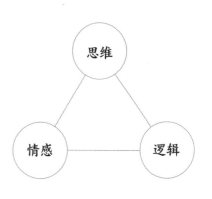

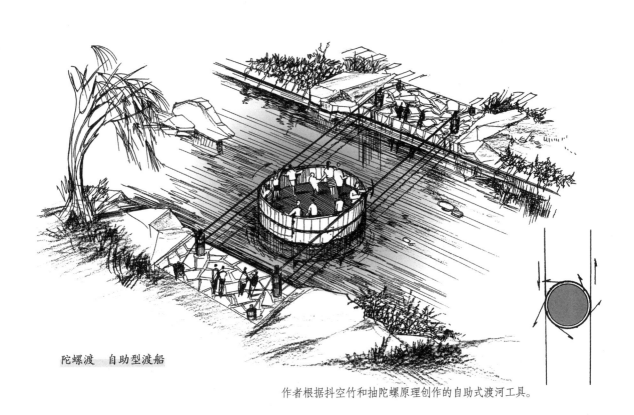

陀螺渡　自助型渡船

作者根据抖空竹和抽陀螺原理创作的自助式渡河工具。

古人借助地上跑的、天上飞的、水中游的灵性动物，嫁接合成一条巨龙，成为民族精神的一种象征。

异形同构

剪纸与线雕合用

2019.9.20

形断意联

利用不确定性增强信息含量，艺术造型重在"似与不似中间，太像则俗，太不像则假"。同时，以简为宜，以较少的元素表达丰富的内涵。

利用断裂线构形·抽象构图

3-3 大道至简——认知·构形·创造，终极的真理

大道至简，属道家哲学，儒家也很尊崇，孔子曰："易则易知，简则易从，易知则有亲，易从则有功，有亲则可久，有功则可大，可久则贤人之德，可大则贤人之业。"近代有的外国建筑师也提倡："少就是多"，格式塔心理学派也强调"简约合宜"。

事实上，在纷杂的事物中，如果不能由繁化简，就无法认清事物本质。一切学术研究和科学创造都是为了回归本原。所以，在建筑与环境艺术创造中也应强调力求简化，直指事物的本质，去除赘余。比如毕加索修改了十一次牛的造型，最后还原成牛的基本特征。

中国传统建筑的大屋顶，看似复杂雄伟，实际上也是由瓦和斗栱等有限的元素组成。所以，艺术的精美有神、以形表义，并不在元素之多、构形之繁，有时一两笔即可赋予鲜活的生命力。

依靠形的堆砌、元素的叠加极其容易，但给人以烦琐杂乱之感，失去艺术之魅力。能以较少的元素产生多变的形式，虽创造较难，但可变幻莫测，清新自然，凸显创作者的艺术功底。

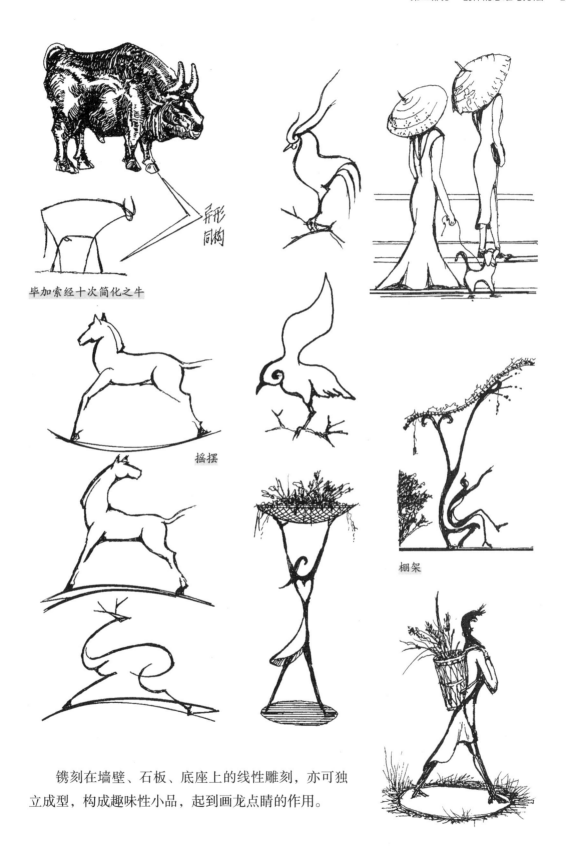

异形同构

毕加索经十次简化之牛

搖擺

棚架

镌刻在墙壁、石板、底座上的线性雕刻，亦可独立成型，构成趣味性小品，起到画龙点睛的作用。

3-4　辩证法——开启智慧之门的金钥匙

"相生又相克，相反又相成"，是中国所独有的哲学思维。它是根植于重自然生态、重直觉、重情感的东方哲学基土之上，衍生出变化万千的长青之树。诸如：

有无相生（天下万物生于有，有生于无）。老子说："有无相生、难易相成、长短相形、高下相倾、音声相和、前后相随"。文学上强调的起、承、转、合，抑、扬、顿、挫；书法中的"宽可走马、密不插针"；音乐中的高低起伏、张弛交替；绘画中的计白当黑、浓涂淡抹；造园的远借近取、随坡就势、得景随形、小中见大、咫尺天涯、疏密相间、既藏又露、层林叠翠、迂回曲折、峰回路转、形断意联；建筑上的高低错落、托体同山、榫卯结合、收放有序、多级多进、上栋下宇；易经上讲的阳阳交替、刚柔相推。这些既相矛盾又相统一的辩证观点，既是生活的哲理，也是物象变化的规律。尤其是中国的山水画、山水诗、山水园，同根同源，可以相互融合与渗透，在艺术创作中相互借鉴。

运用辩证法可以打破思维的僵化，将构思向纵深扩展，也可增加形态的多变。特别是面对当前存在的"平面化""几何拼凑式""硬质化""绝对规整化"等现象，更应提倡运用中国所独有的辩证法。

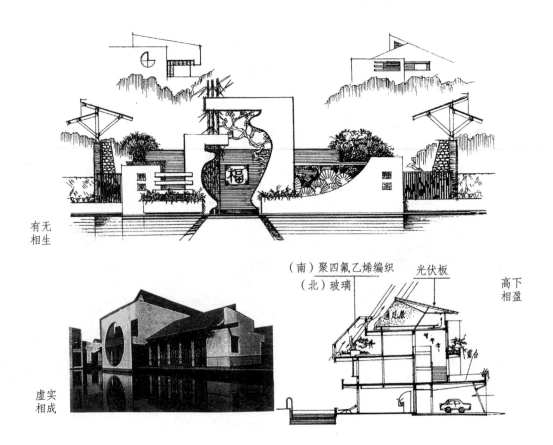

有无
相生

虚实
相成

（南）聚四氟乙烯编织　光伏板

（北）玻璃

高下
相盈

3-5 以立体思维，从事建筑与景观艺术的开发

空间具有无限性和广延性的三维含义，但在建成的城市环境中，却常以"摊大饼"的形式存在，舍弃了空中与地下的宝贵资源，追求平面化、规整化、硬质化。具体到城市公共空间，本可以按人工与自然相结合的肌理，形成凹凸曲折的空间，穿插一些不定性的界面，使城市的街景呈现立体式的画面，或悬挑，或下沉，或潜入地下，或架在空中，变成一种多维的立体化城市，不仅丰富了城市风貌，也有利于人与车的立体分流。特别是城市的地下空间，是弥足珍贵的可利用资源。如能有效开发，完全可以作为地面架空层的补偿，为人创造更多的开放式可活动的空间。就狭义的立体化而言，为避免裸露的大体量建筑，城市街道的边界空间除采取分散式的布局方式之外，设置地下或半地下的建筑空间，也是立体式开发的有效途径。另从现代科技条件而论，地下建筑的采光与通风已完全可以天然化，不会影响适用、坚固、绿色、美观的建筑品质，并可充分利用基底土层的生态效应。

值得一提的是，立体绿化作为口号已多年，终未能变成现实。虽然近年来开始提倡生态城市理念，"绿水青山就是金山银山"，除提高城市绿地率之外，立体式建筑绿化成效甚微。相比国外的立体式花园，国内的立体式花园模式还有很长的路要走。

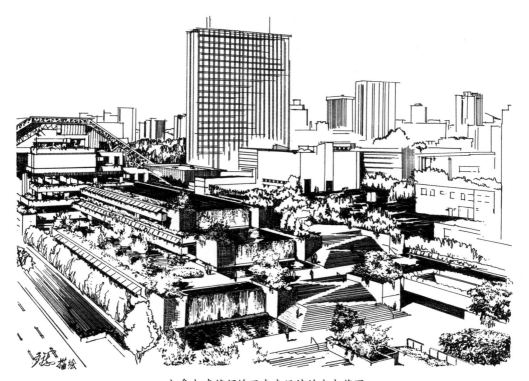

加拿大建筑师埃里克森设计的空中花园

共时效应

和而不同

04

行为场所

行为场所：公共空间中重要的功能载体

人行必择路，居必择地；鱼逐水草而居，鸟择良木而栖

含义

行为场所是专指行为发生的地点。人的行为总是由某种动机所支配，为达到某种目的而产生自主性行为。

构成要素

承载某种功能，如劳作、游戏、休憩、观察、演出等；
有承载某种活动所需要的空间容量，如面积、体积、长度、高度、宽度等；
满足完成某种活动的可持续时间，不能半途中止；
集散方便，就近就便。

场所效应

需要限定与围合，形成一定的居留感，区分出空间场与空间流（路径与场所）；
创造一定的依靠性，如空间阴角、廊架、阶台、座椅、木墩、围栏等；
场，有一定的诱发作用，如情趣吸引，群聚性（人以群分，物以类聚），已有的活动；
再访效应，余兴未尽，街舞健身，重复行动，儿童游戏等；
复用性，一场多用，各个时间与空间的弹性，例如城市中的早市等；
立体化，城市公共空间有限，为保证绿化为主，活动场所宜采用立体布置，上台与下卧，亦可架空布置。

克服时弊

当前存在追求平整化、硬质化、几何拼凑、对称式、大而空、皆同化等现象，场所观念不强，不以人的需要为依据。只见其广，不见其场。

潜力无穷

凡人之行为所及，均需其场，所以场所应是无处不在的。但是，时空条件不同，活动内容与方式各不相同，场所空间有较大的创新空间和灵活性，可谓一场一世界，场所有乾坤。同时，城市的精、气、神都要通过场所氛围来体现，也与百姓的生活息息相关。

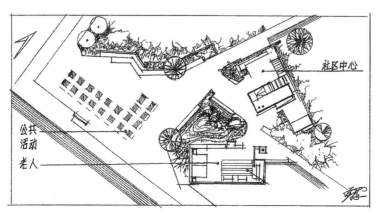

社区中心

公共活动

老人

街之角

场所构成

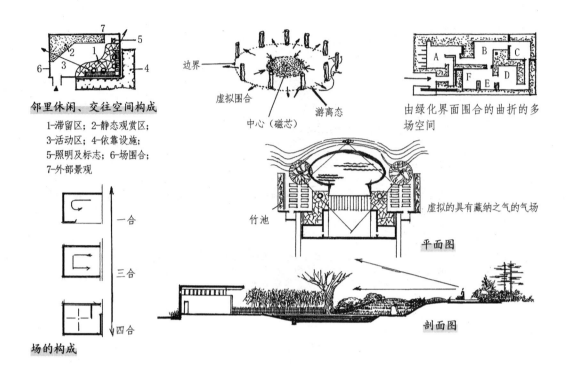

邻里休闲、交往空间构成
1-滞留区；2-静态观赏区；
3-活动区；4-依靠设施；
5-照明及标志；6-场围合；
7-外部景观

边界
虚拟围合
中心（磁芯）
游离态

由绿化界面围合的曲折的多
场空间

A B C
F E D

一合
三合
四合

场的构成

竹池
虚拟的具有藏纳之气的气场
平面图
剖面图

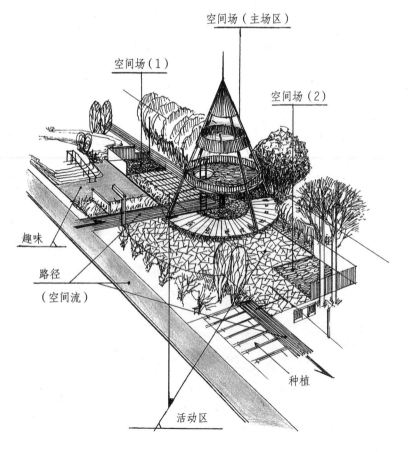

空间场（主场区）
空间场（1）
空间场（2）

趣味
路径
（空间流）

种植
活动区

行为场所，不只是事件和行为的发生地，还以一定的环境氛围传达场所精神，形成情景互动，也为人们提供人与人、人与自然相互交流的媒介，其精神效益远大于物理性能。

场的多样性

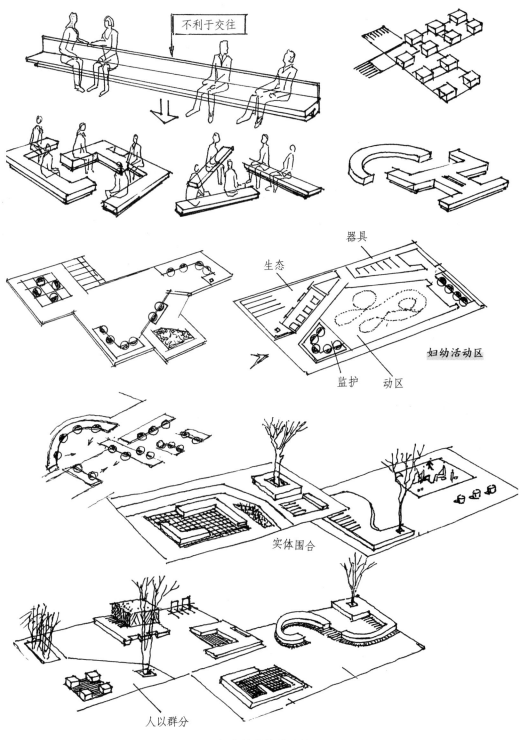

行为场所构成示例

场所的扩展

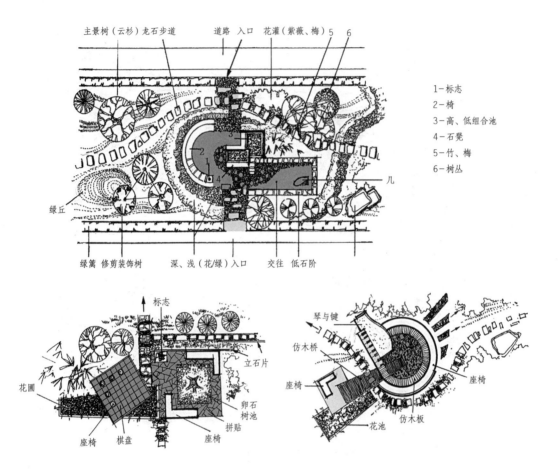

主景树（云杉）龙石步道   道路 入口 花灌（紫薇、梅）5 6

1-标志
2-椅
3-高、低组合池
4-石凳
5-竹、梅
6-树丛

绿丘

几

绿篱 修剪装饰树   深、浅（花/绿）入口   交往 低石阶

标志

花圃   立石片   卵石 树池   拼贴
座椅   棋盘   座椅

琴与键   仿木桥   座椅   座椅   仿木板   花池

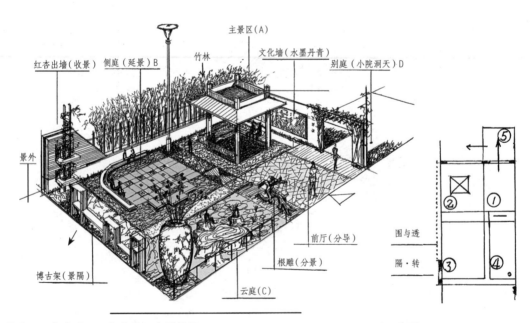

主景区（A）
红杏出墙（收景）   侧庭（延景）B   竹林   文化墙（水墨丹青）   别庭（小院洞天）D
景外
博古架（景隔）   云庭（C）   根雕（分景）   前厅（分导）

围与透
隔·转

园厅：一庭多用，一主多铺，空间扩展   分区

场所的分隔

　　"人以群分，物以类聚"，在同一地段，为扩展不同行为场所，一地多场，常采用分隔方法，使之相异又相通，不同场容纳不同人群。故可按一地多场进行组合。

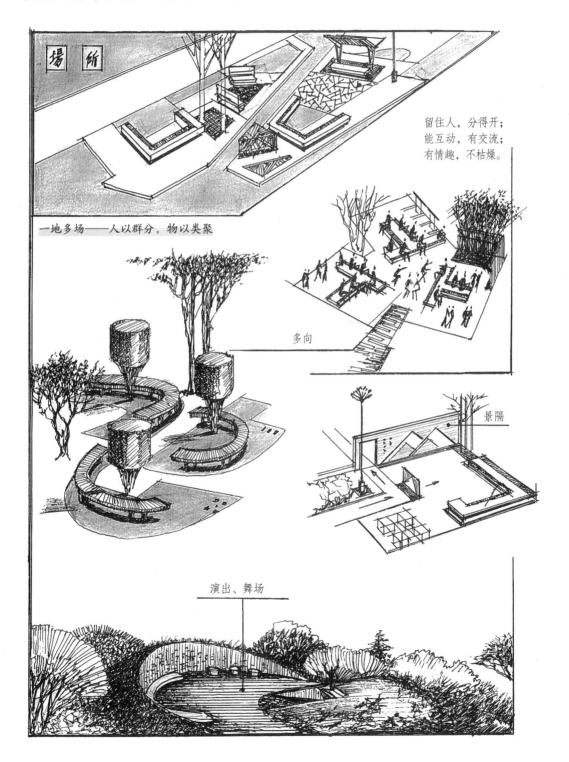

场所的分隔

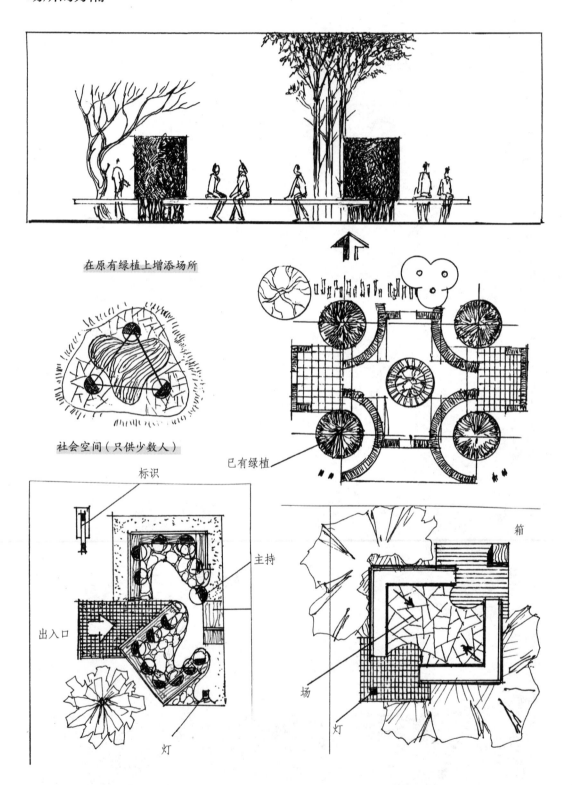

在原有绿植上增添场所

社会空间（只供少数人）

已有绿植

标识

主持

出入口

灯

箱

场

灯

公共空间：承载多人交往的空间

亭与场所构成

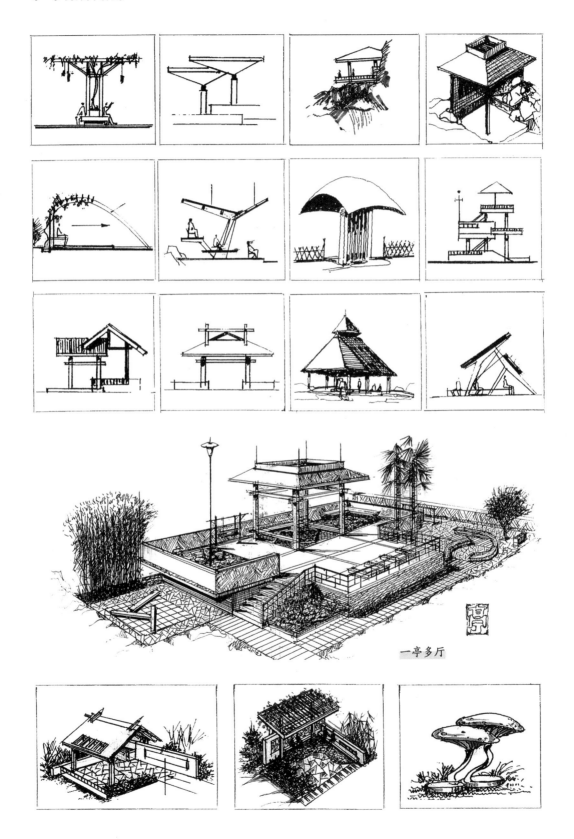

一亭多厅

场所周边环境的不定性处理

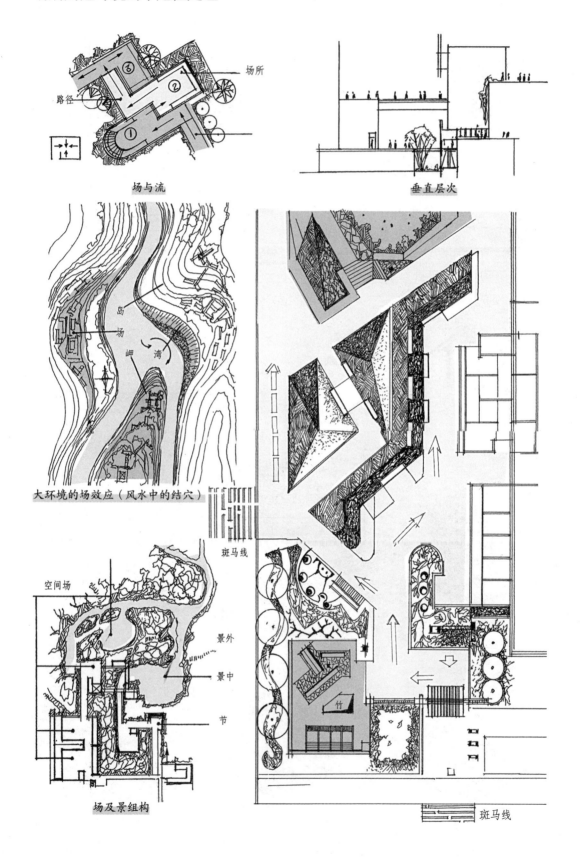

场与流

垂直层次

大环境的场效应（风水中的结穴）

斑马线

空间场

场及景组构

斑马线

场所营造示例

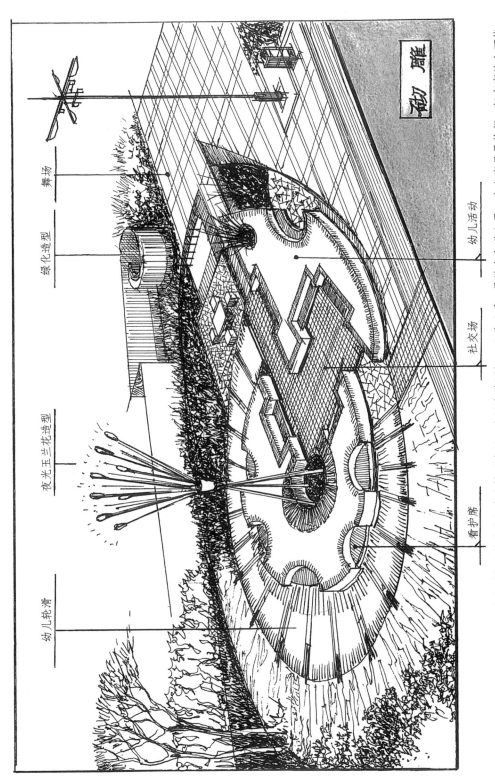

幼儿活动　社交场　看护席　夜光玉兰花造型　幼儿轮滑　绿化造型　舞场

砌　雕

砌筑的树围是常见的景观，但以雕塑形式砌筑的花坛式座椅不常见。这里老幼同场，互动互爱，是社会和谐之需。本方案虽是构想，但有实施之可能，利用光、影、声、形，走近生活，是适合儿童和老人聚会的行为场所。座椅既是雕塑又是功能载体。

场所营造示例

备用伞棚   溜滑玩耍   监护席、互动位   儿童活动专场   荫架

一老一少，一动一静，动中有静，静中有动。儿童活动区要考虑儿童与看护者的互动，做好安全防护，老者以组群活动为主，或者聊天、对弈、打牌、歌咏、街舞、纳凉、晒太阳，一场多用。此二例非实例，只说明构思之必要。

场所营造示例

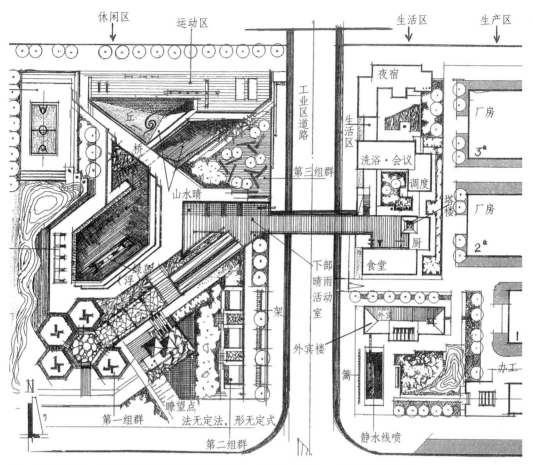

某工业园区按共时效应组织的文化休闲园区（生产化学模具的工厂，国外投资）

作息一致，同时劳逸结合。按班、组、兴趣群活动，静、动分区，按片组景，人工与自然结合，呈山水格局，疏密相间，情景互动。考虑全天候、四时有景。

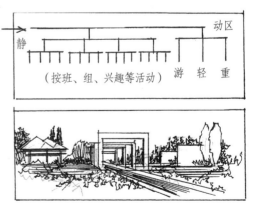

场所营造示例

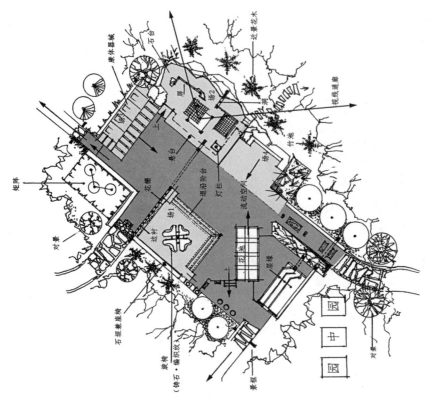

传统造园手法与现代园林构景结合

具有独处、社交、组群、游乐等多种选择。空间适应需求的耦合程度，是衡量空间的场所效应的一个重要砝码。方案为风车状结构变形、亭台阁榭、层林叠翠、巧于因借、形断意联、隔而不阻、融合渗透、别有洞天、呼应关联、延伸辐射、曲径通幽、级多多进。

自然生态构景示例

园中园（袖珍庭园）利用中国文化进行组景，外围内散、流出环抱，主庭与次庭互连，开放性与私密性结合、旋转辐射，动静结合。

场所营造示例

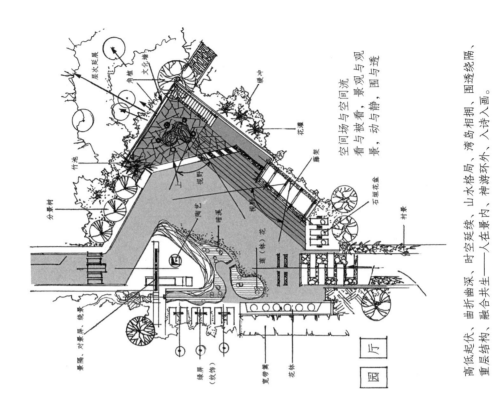

园厅

空间场与空间流
看与被看，景观与观
景，动与静，围与透

高低起伏，曲折幽深，山水格局，湾岛相拥，围透绕隔，
重层结构，融合共生——人在景内，神游环外，入诗入画。

栖凝园

造型练习：旋转、辐射、相贯、叠合、渗透、咬合、镶嵌、相切、环
绕、融合、切割、穿插、相倚、相拥、顾盼、主次、围透。
具有一波三折，龙飞凤舞之势。

空间的结构

空间的结构——有机性、整体性的必然条件

大珠小珠落玉盘，此时无声胜有声。

整体性
一种复杂的事物，必由许多分系统相互依存、相互关联，联结成整体。各系统（各元素）虽各有特色，但都统一在整体之中，不能各自突出。然而，系统之间不是平均罗列、数学叠加的，其中主要成分决定了事物性质，其他成分相互配合、陪衬。

有机性
事物内部相互凝聚，密不可分。相互间存在统一性（整体的），具有动态的平衡，是有节律的存在，体现生长的态势，而非机械的拼凑，数量的堆砌，相互罗列或并置。即整体性、运动性、节奏性和生长性，同时体现于某一图像中。犹如人的肌体，是有机的结合。

结构
所谓结构，是指各种元素之间通过一定的关系，将其联结为一整体。如古建的榫卯结合，链与环，人体的骨骼，"三十辐，共一毂"，树的枝干，桌椅皆呈一定的组合关系。没有结构，难以为器。建筑的空间与环境组景也需这种组合关系，才能体现上述的整体性、有机性、统一性。就连诗词、文学也都需要这种逻辑关系。

构成方法
概念性元素：点、线、面，起聚焦、统辖、归并、包孕、串联、并联、借对、断续的作用。
关系元素：主从、对比、融合、渗透、咬合、错落、叠合、辐射、旋转、加减、逆反、模与形、嵌入、榫卯、阴阳、辐射。

重在组构
当前，机械拼凑、元素罗列、数量堆砌、平铺直叙的现象颇多。既缺乏有机构成，也失去艺术表现力，千篇一律、个性丧失。

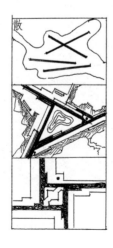

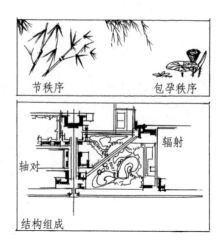

散
节秩序　　　包孕秩序
轴对　　　辐射
结构组成

结构即相互关联

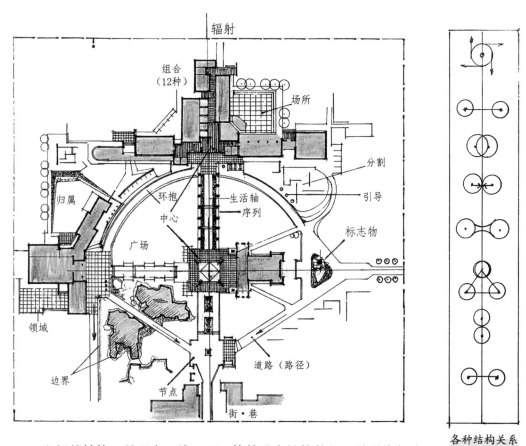

空间的结构，是以点、线、面、体等秩序性构件相互关联将各功能元素组合成整体。

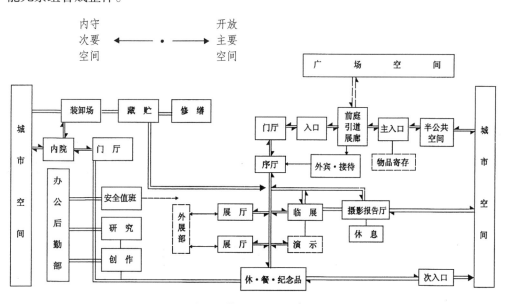

空间结构与功能网络相关联

空间结构示例

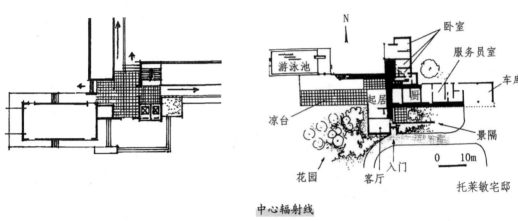

中心辐射线

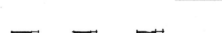

肋骨式

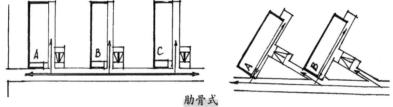

残疾人通路

某劳教所

有序线性展开

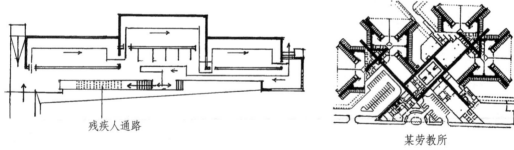

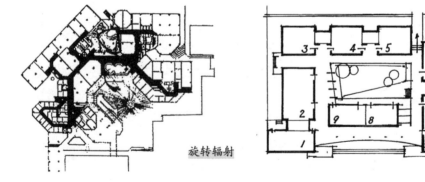

旋转辐射

多选择空间

空间结构示例

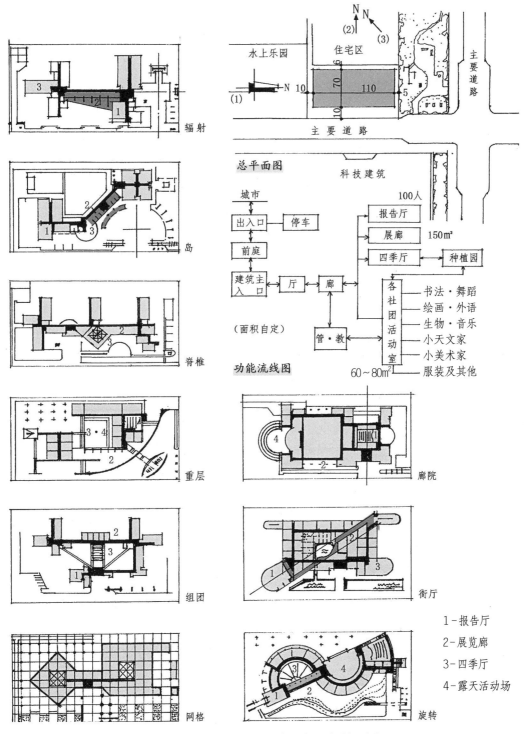

辐射

岛

脊椎

重层

组团

街厅

网格

旋转

水上乐园

住宅区

主要道路

主要道路

总平面图

科技建筑

功能流线图

城市

出入口 — 停车

前庭

建筑主入口 — 厅 — 廊

管·教

报告厅 100人

展廊 150m²

四季厅 — 种植园

各社团活动室
书法·舞蹈
绘画·外语
生物·音乐
小天文家
小美术家
服装及其他

（面积自定）

60~80m²

1-报告厅
2-展览廊
3-四季厅
4-露天活动场

以（西安）少年文化活动中心为例的模拟训练

空间结构示例

有机生长

相映成趣

交叉层叠

网络关联

枢纽控制

简中求变

随坡就势

组团式

廊院式

鱼骨式

辐射式

重院式

三叉载式

轴线对位与网格式

几何母题法一

辐射旋转

几何母题法二

六角形

辐射式

几何母题法三

三角形

空间是由路径和场所两种元素组成的，其存在形式是相互邻接，其结构是元素之间的组合关系。

06

空间中人的行为模式

建筑空间——只有路径与场所两种行为模式

有朋自远方来，不亦乐乎

交往网络
人际间存在姻缘、亲缘、地缘、情缘、血缘、业缘、族缘、趣缘、机缘等关系，构成人类社会的基本关系。俗话说："有缘千里来相会，无缘对面不相逢。"

意义的纽带
人生活在意义网络世界之中，意义来自于事件的关联，其爱恨情仇都发生在社会交往之中。俗话说："世界上没有无缘无故的爱，也没有无缘无故的恨。"意义是沟通人际关系的中介。

空间两元素
人在建筑的空间中，一切行为都发生在场所与路径之中。要么表现在场所之中，从事某种活动，要么是通行在路径之中，包括乘车与走路。

三种路径
①由于必要性功能，如通勤、上学、就医等，在两点间尽量以直线到达；②有选择性地在A、B、C之间折返；③属于业余性，可以按自主性随机、随性、随意选择某种活动，不受时间和程序的限制，如游公园、逛大街、选餐厅……

道路形式
专用绿化步道、漫步道、人行道，与道路平行、平交与立交；自行车专用道路；连接地铁出站口、商业、公共中心、旅游点的枢纽；城市主、次道路，分平面式、高架式等。

空间中人的行为
路走三熟（原路折返、走旧路、走近路）；从众，选人多的地方，凑热闹，"人往人处走"；宁走十里下坡，不爬五里（上）坡，（怯：是心理）。另外，"人以群分，物以类聚"，人不喜欢与性情不同、年龄结构不同、爱好不同的人相聚。所以，在较大的公共空间中应划分多个场所。《大众行为与公园设计》[①]书中列出许多实例值得参考。

行为场所
公共空间中，场所与场所精神的营构是体现以人为中心的核心价值；也是当前的短板，值得研究与重视，具体设计参见其他章节。

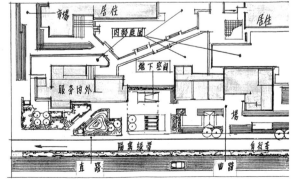

路径与场所关系图式（内外渗透型）

---

① 阿尔伯特，丁·拉特利奇. 大众行为与公园设计［M］. 王求是，高峰，译. 北京：中国建筑工业出版社，1990.

空间中的"节"

空间中的节具有衔接、过渡、转换、分导、穿插等多种功能，在组织群体空间中不能忽略，要善于利用。

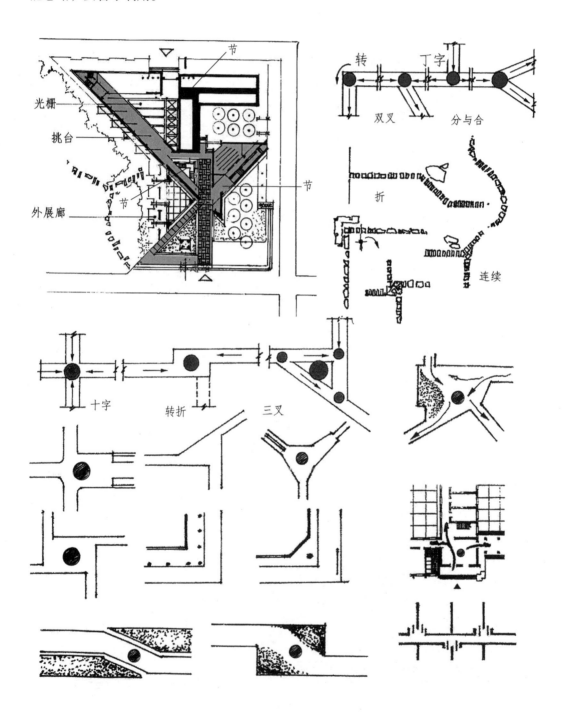

路径联系各个场所

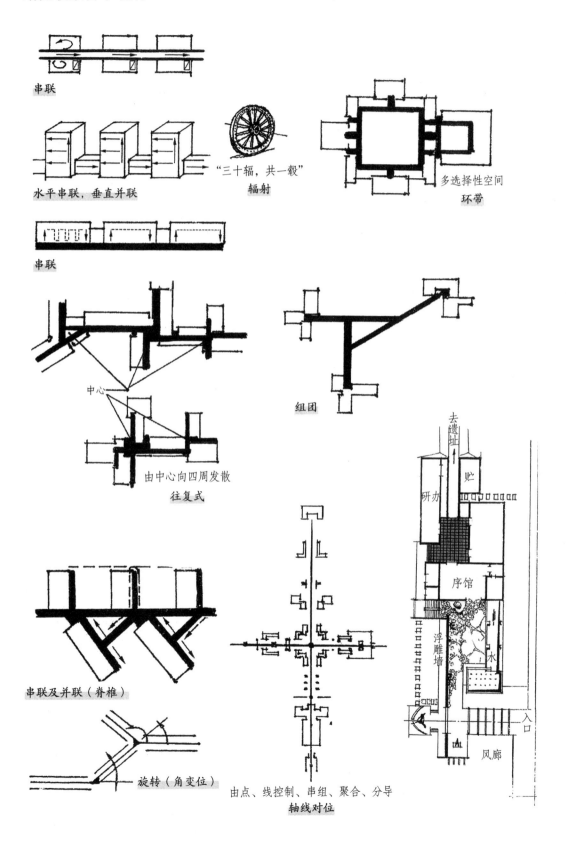

串联

水平串联，垂直并联

"三十辐，共一毂"
辐射

多选择性空间
环带

串联

中心
由中心向四周发散
往复式

组团

串联及并联（脊椎）

旋转（角变位）

由点、线控制、串组、聚合、分导
轴线对位

去遗址
贮
研办
序馆
浮雕墙
水
入口
风廊

情景互动

景为人设，人因景悦，二者互动，才可产生情感效应。

在当下的环境艺术作品中，常出现脱节现象：一为景观与生活情节和认知水平毫无关联；二为景观"自言自语"，"自说自话"，自我完善，不给游客留有参与机会，或只能目观，不能心入与神入，只是一种独立存在的陈列品，失去了欣赏的价值与社会效应。所以，景观创作一是要走入百姓生活，二是要产生情景互动，看与被看应是一种"合一"的关系，而不是各自独立。

情景互动

荷叶结露

景：以好奇驱力、意料之外、不确定性、投其所好、兴趣吸引、同格同构为目标，诱发人的意义追踪、即兴参与。情与景产生互动，是艺术创作的目的。

情景互动

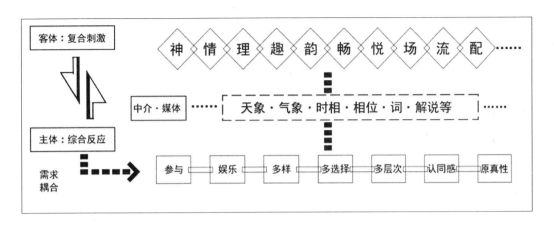

聆听

飘逸

对影

利用国粹艺术，如剪纸、皮影等造景抒情，清纯秀雅，别有一番风味。

剪纸、剪影塑造情景互动

形变与形构

化而裁之谓之变，多彩缤纷乃自然

自然在变，世间一切事物都在变，不变是相对的，变是永恒的。要学会变。

形构与形变的依据

客观需要
人们求新、求变、求好、求异、求美之心是普遍存在的。

创作要求
形象是艺术创作的母题。我们不能直接创造物质本身，但可以创造物质存在的形式。例如同样一只杯子，可以有各种各样的形式。

变化的可能
宇宙苍穹、星辰日月时刻都在变化，自然界中没有两片叶子是相同的。至于人，更是人心不一，各如其面。艺术的形式由人创造，人变则其创作成果必然相随而变。

变化方法
体验生活、观察自然。宇宙万物、人间事态、山川河流、花草树木、飞禽走兽，皆有千姿百态为我所用，关键是用心、用情。于设计而言，也要常常动手，一次生、二次熟。可以借鉴事物形成与发展的规律和成型方法，如加减、旋转、扭曲、贯穿、叠合、滑移、错落、镶嵌、咬合、化分化合、分解、反转、缠绕……可参照的方法不胜枚举。

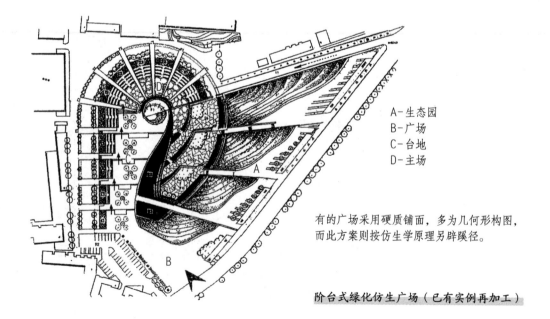

A-生态园
B-广场
C-台地
D-主场

有的广场采用硬质铺面，多为几何形构图，而此方案则按仿生学原理另辟蹊径。

阶台式绿化仿生广场（已有实例再加工）

构成方法

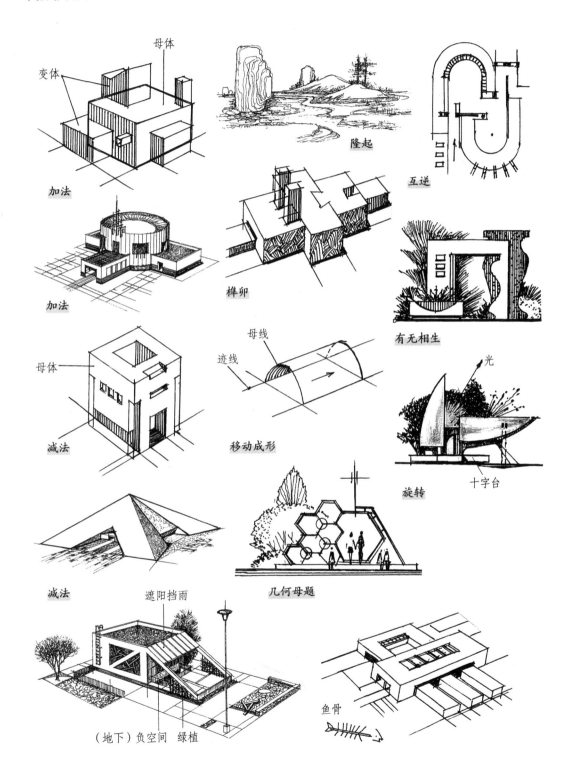

变体　母体

加法

加法

隆起

互逆

榫卯

有无相生

母体

减法

迹线　母线

移动成形

光

旋转

十字台

减法

几何母题

遮阳挡雨

（地下）负空间　绿植

鱼骨

传统几何形的衍化

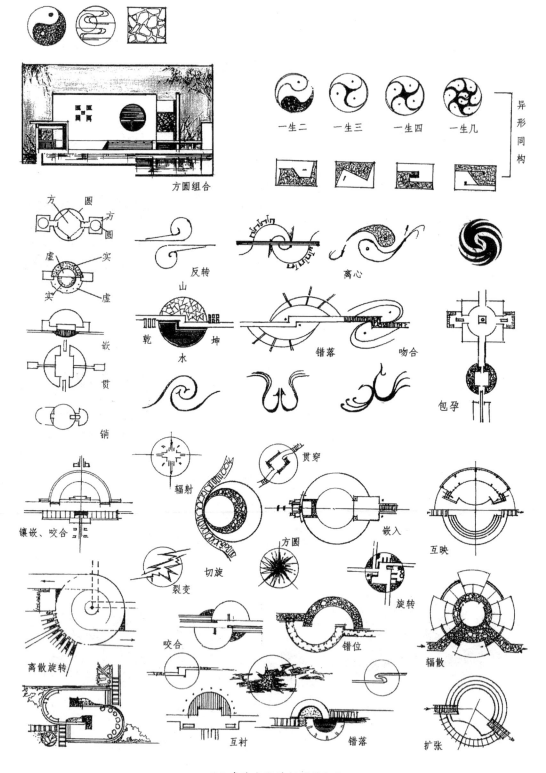

异形同构

一生二　一生三　一生四　一生几

方圆组合

方　圆
方
圆

虚　实
实　虚

反转

离心

嵌
贯

山
乾　坤
水

错落

吻合

销

包孕

辐射

贯穿

镶嵌、咬合

切旋

裂变

方圆

嵌入

互映

旋转

离散旋转

咬合

错位

辐散

互衬

错落

扩张

以元素为主题进行形的衍化

线的形变

两只黄鹂

触摸春天
（线雕）

舞

企鹅

蝶恋花

用线表达的趣味性雕塑小品创意

线的形变

竹雕、根雕、铁艺、编织，均可在园林造景中发挥作用，产生夸张变形、诙谐、幽默、活跃环境氛围等艺术效果。

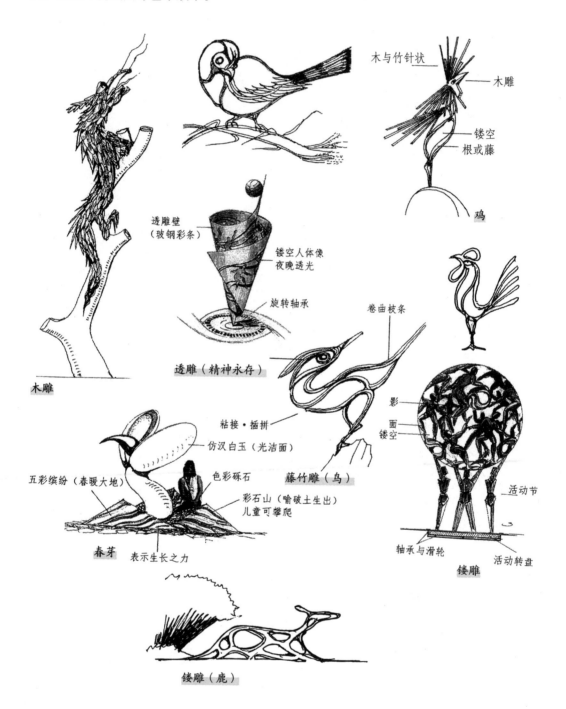

木雕

木与竹针状
木雕
镂空
根或藤
鸡

透雕壁
（玻钢彩条）
镂空人体像
夜晚透光
旋转轴承

透雕（精神永存）

卷曲枝条

影
面
镂空

粘接·插拼
仿汉白玉（光洁面）

五彩缤纷（春暖大地）
色彩砾石
藤竹雕（鸟）

彩石山（喻破土生出）
儿童可攀爬

活动节

春芽
表示生长之力

轴承与滑轮
活动转盘
镂雕

镂雕（鹿）

形的抽象与概括

虽物有恒姿，形有常态，但艺术的造型要抽其灵魂加以形变与形构。

鼠
鸡
马
虎
羊

鹿

狮、卷毛狗、浪花

鱼、背靠背之人、
双鱼、古装

群凤、飞天、火焰

狼、狗、虎

牛

企鹅、翠鸟

猫、狐狸

帆、落日、船、鱼、翔

鲸、女人、打伞、
怀抱琵琶

惠安女、化妆品瓶、钱罐

三个女人、小溪

仙桃、美女、竹叶、花蕾

海鸥、羊、牛

形的不确定性

形的解构与再构成

黑白天鹅

雄鸡唱晓—对鸣（花公鸡与白公鸡）

模与形、虚与实、完形与非完形、片断与整体、相生与相克、相反与相成，既是事物的互补与转换，也是形变与形构可借鉴的方法。

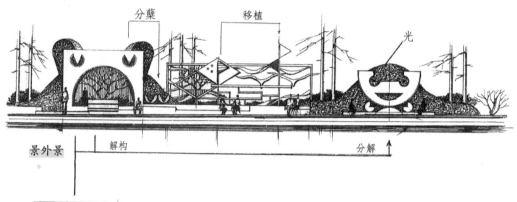

情趣园

景外景　　解构　　　　　　　　　　　　　　　分解

采用现代构成手法，制造集趣味性、休闲性、自然性、昼夜性于一体的街道景观，有唯一性、不可复制性、特异性的特点。打破当前的同质化、冷漠化、纯装饰性的僵局，走向个性化。

寓意于形·变静为动·走入生活·弘扬国粹（编织）
艺术中的人与自然·立体的水墨丹青·生活的场景

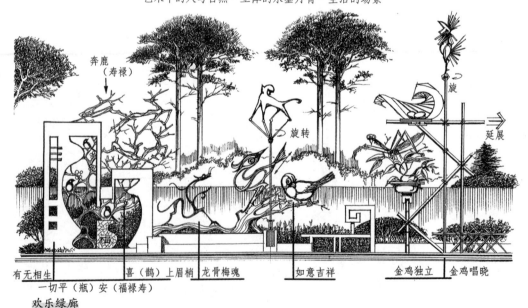

奔鹿（寿禄）　旋转　旋　延展

有无相生　喜（鹊）上眉梢　龙骨梅魂　　如意吉祥　　金鸡独立　金鸡唱晓
　一切平（瓶）安（福禄寿）

欢乐绿廊

形的解构与再生

以复层剪纸艺术为主要元素，构成立体的光影世界；供公众进行观赏、摄影、趣味性体验，将传统非遗与现代科技融合。

由线条构成的有与无、虚与实、模与形、形与影、曲与直、刚与柔、疏与密、意与趣、完与缺、动与静、光与影的艺术世界。

可设在水边或公共建筑之侧。

雾化
疏影横斜，高山仰止
天上人间，乾坤日月

落霞与孤鹜齐飞
秋水共长天一色

LED霓虹

界墙（内外分隔）
投影屏与放映窗
（精刻）动漫

栈桥 复层剪纸（铁艺）

窗含西岭千秋雪
门泊东吴万里船

形的解构与再生

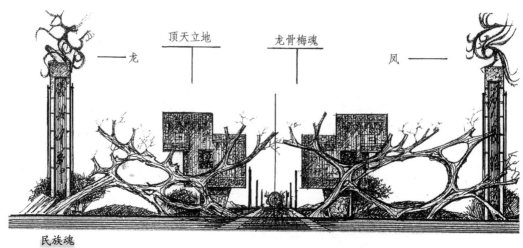

民族魂

儒、道、禅，龙文化之三大支柱

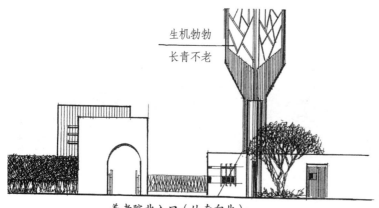

养老院北入口（从南向北）

利用根雕、线刻、铁艺、篆镌等工艺并赋予一定的含义。

形与力

很多形都有表现某种力的趋向，宜促使平衡，化分与化合，防止抗衡纷争。

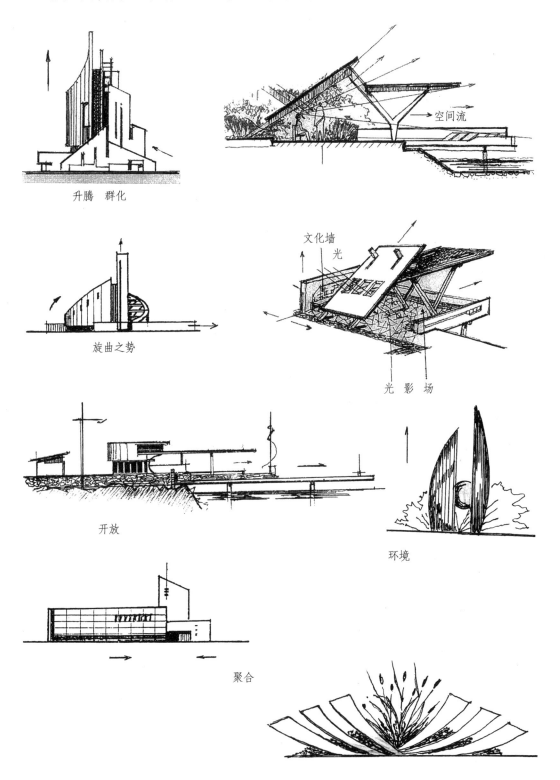

升腾 群化

旋曲之势

空间流

文化墙
光

光 影 场

开放

环境

聚合

形变与形构示例

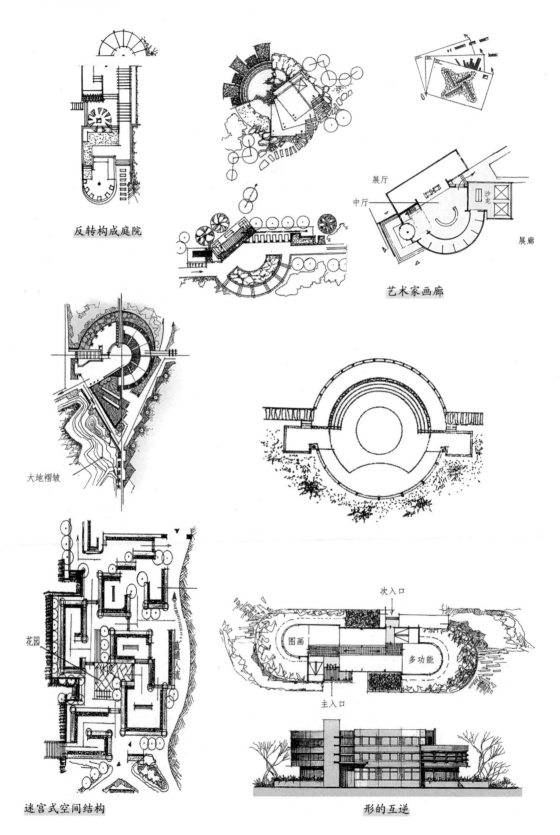

反转构成庭院

艺术家画廊

大地褶皱

迷宫式空间结构

形的互逆

08

空间边界的不定性

边界不定性是增加效益和信息量的良好途径

　　边界，连接内外，本身即拥有双重信息。如果不以直线划界，采用上、下，内、外相互渗透、相互融合的方法，形成里出外进、咬合错落、悬挑支挂、相拥环抱的形态。自然界中自由生长之物，没有绝对的横平竖直。

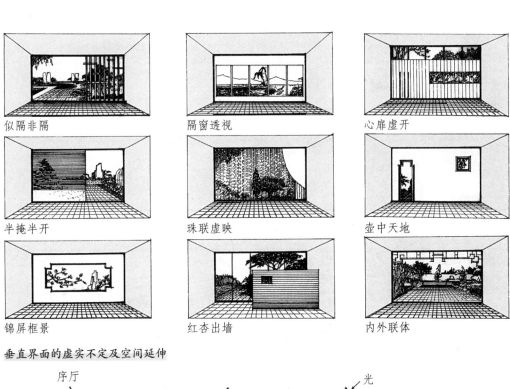

似隔非隔　　　　　　隔窗透视　　　　　　心扉虚开

半掩半开　　　　　　珠联虚映　　　　　　壶中天地

锦屏框景　　　　　　红杏出墙　　　　　　内外联体

垂直界面的虚实不定及空间延伸

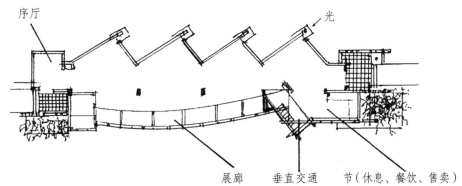

序厅　　　　　　　　　　　　　　　　　　　　光

展廊　　垂直交通　　节（休息、餐饮、售卖）

水平界域的凹凸不定

建筑边界的不定性

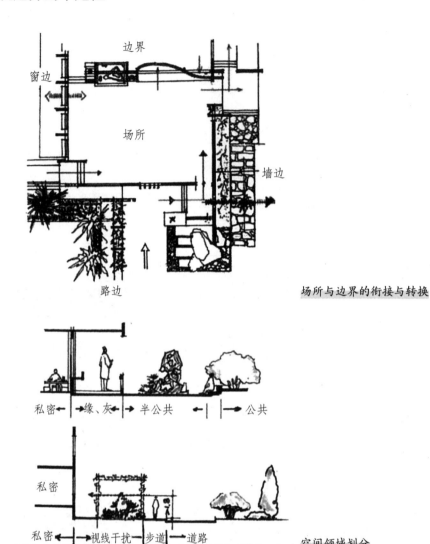

边界

窗边

场所

墙边

路边

场所与边界的衔接与转换

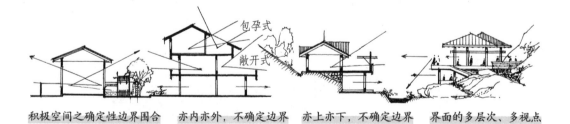

私密 ← → 缘、灰 ← → 半公共 ← | → 公共

私密

私密 ← → 视线干扰 → 步道 → 道路

空间领域划分

包孕式

敞开式

积极空间之确定性边界围合   亦内亦外,不确定边界   亦上亦下,不确定边界   界面的多层次、多视点

旷

奥

界面之高低起伏——在自然空间中镶   自然形、拓扑形、几何形结合
嵌人工界面

建筑边界的不定性

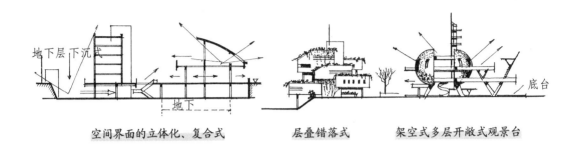

空间界面的立体化、复合式 层叠错落式 架空式多层开敞式观景台

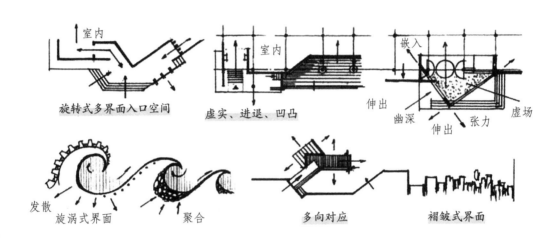

旋转式多界面入口空间 虚实、进退、凹凸 发散 旋涡式界面 聚合 多向对应 褶皱式界面

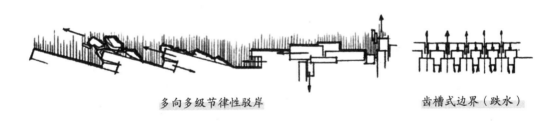

多向多级节律性驳岸 齿槽式边界（跌水）

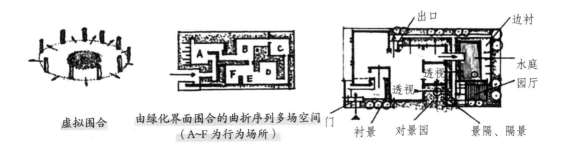

虚拟围合 由绿化界面围合的曲折序列多场空间（A~F为行为场所）

水边界的不定性

水本无形、随遇而安。岸线的营构可以形随人意，拓扑流变。

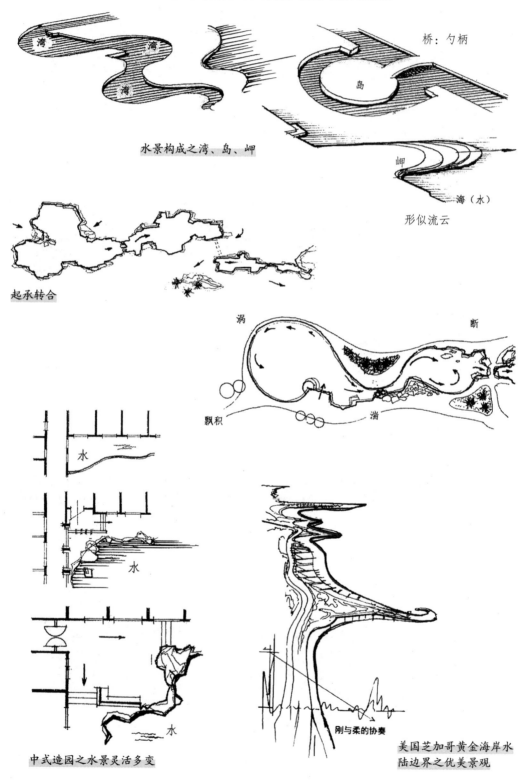

水景构成之湾、岛、岬

桥：勺柄

岛

岬

海（水）

形似流云

起承转合

涡

断

飘积

湍

水

水

水

中式造园之水景灵活多变

刚与柔的协奏

美国芝加哥黄金海岸水
陆边界之优美景观

硬质、软质边界的不定性

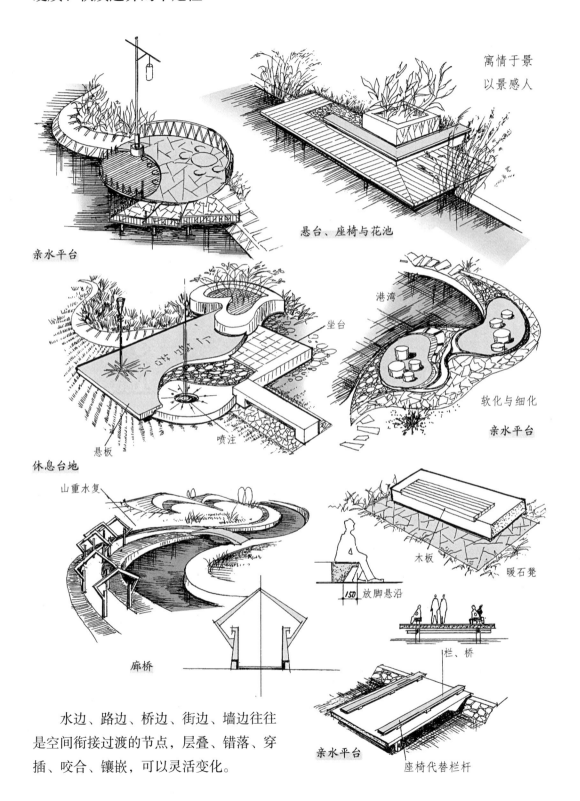

寓情于景
以景感人

亲水平台

悬台、座椅与花池

坐台

港湾

软化与细化

亲水平台

休息台地

悬板

喷注

山重水复

暖石凳

木板

放脚悬沿

廊桥

栏、桥

亲水平台

座椅代替栏杆

　　水边、路边、桥边、街边、墙边往往是空间衔接过渡的节点，层叠、错落、穿插、咬合、镶嵌，可以灵活变化。

软化硬质界面

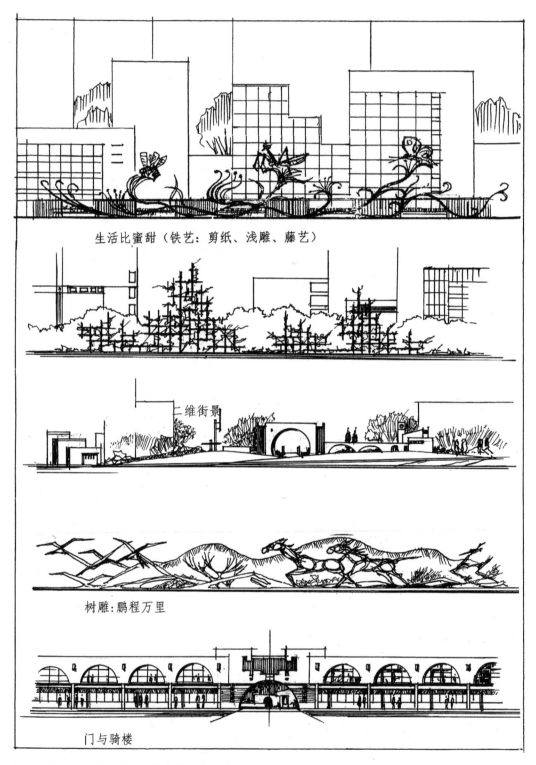

生活比蜜甜（铁艺：剪纸、浅雕、藤艺）

二维街景

树雕：鹏程万里

门与骑楼

软化硬质界面：在高楼大厦背景前设景观前置

空间的融合与渗透

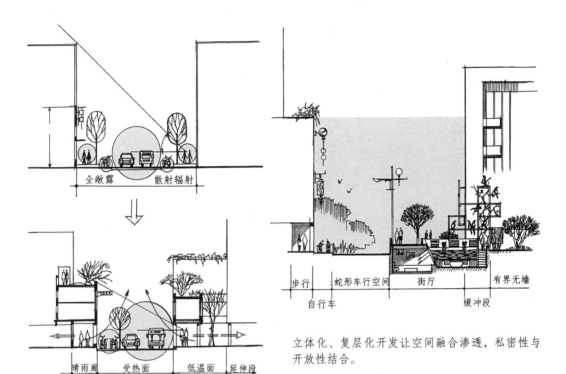

全敞露　散射辐射

晴雨廊　受热面　低温面　延伸段

步行　蛇形车行空间　街厅　有界无墙
自行车　缓冲段

立体化、复层化开发让空间融合渗透，私密性与开放性结合。

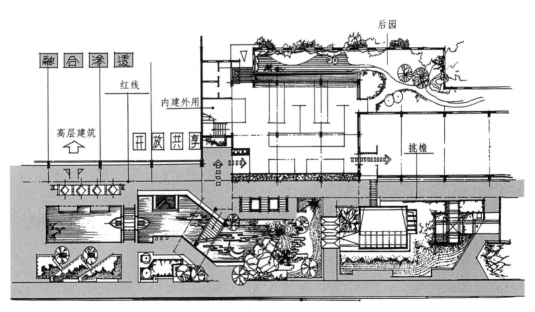

融合 渗透
高层建筑
开放共享
红线
内建外用
后园
挑檐

融合渗透型——局部嵌入街区

空间的消解与柔化

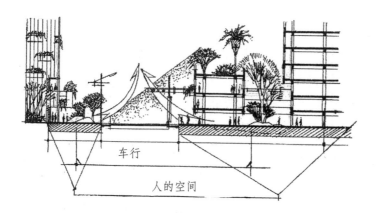

车行

人的空间

僵直冷漠的水泥丛林，需向自然、人性、故事性、趣味性回归。为城市增加温度，为视觉增加活力。

力与形的和谐统一，形和意的双向表达，情与景的双轨运行，动感与动势的趋向性运动。

足天——志在千里

物我两忘，天人合一

诗画情
认同感
归属性

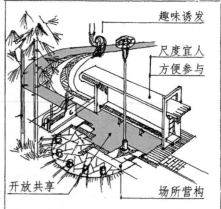

趣味诱发
尺度宜人
方便参与

开放共享
场所营构

"风吹草低见牛羊"

窄街1

窄街2

第一建筑线隐蔽：气流凝滞　　第一建筑线敞露：视觉与气流畅通

空间的渗透与融合

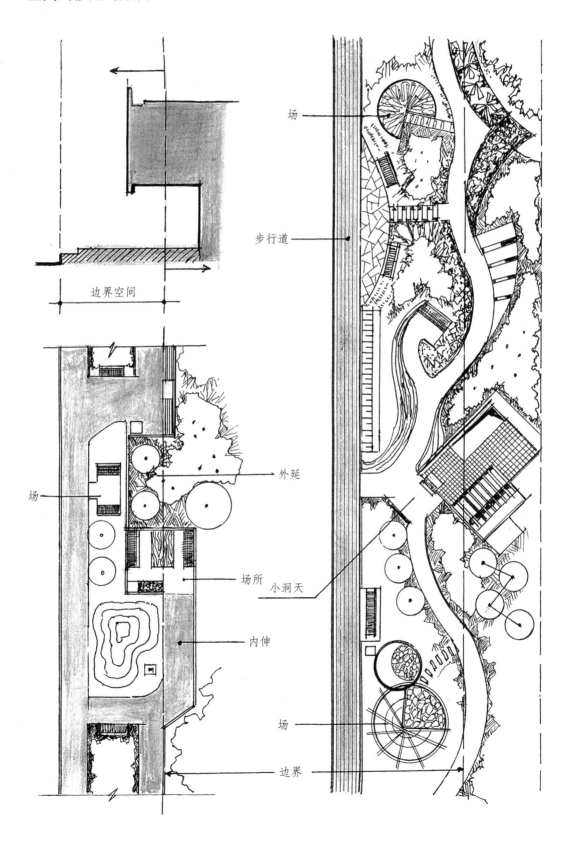

09

法无定法，形无定式

法无定法，形无定式；道可永恒，形则多变

天下同归而殊途，一致而百虑

法之必要
"工欲善其事，必先利其器"，要想收到效果，必须有好的工具与方法。俗话说："人强不如家什妙"，"磨刀不误砍柴工"，"窍门满地跑，就看找不找"。说明掌握基本方法的重要性。

外师造化、中得心源
外师，泛指大自然与客观事物的启示，心源，指通过内心的感悟。外因通过内因起作用，主体与客体交互作用，相互感应，防止生搬硬套。

师古人，不如师造化
中国人尊重自然，主张天人合一，然而自然也有时空之变，古人之法来自于古代之造化。所以当下的创作应以古人为参照，以当下为根据，遵循自然法则。

法无定法，非法法也
据佛学"世外人法无定法，然后知非法法也"。即任何方法都不是固定不变的，应因时、事、地之不同而灵活变化。换言之，事物是不断发展变化的。

历史教训
历史上曾出现"唯成法是从"与"凡成法不用"的两种极端，值得我们警惕。

形无定式
形乃艺术创作的母题，任何形式都是由于内因与外因相互作用而成。古有"形而上者谓之道，形而下者谓之器"之说，说明道与器之间存在因果关系，一母可以多子，然而万变不离其宗。也不能用一种形式、一个模式到处翻版复制。

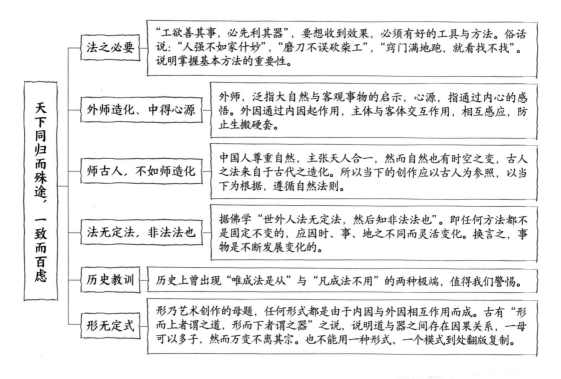

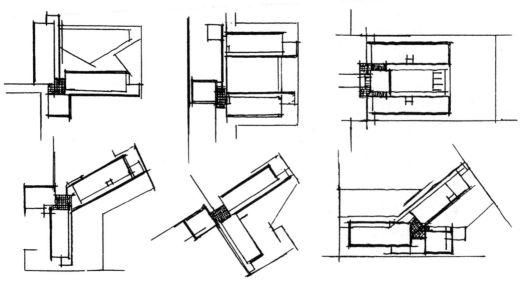

设计无定法

某陶艺馆设计。工艺流程相同，但组合形式却有多种变化，万变不离其宗。

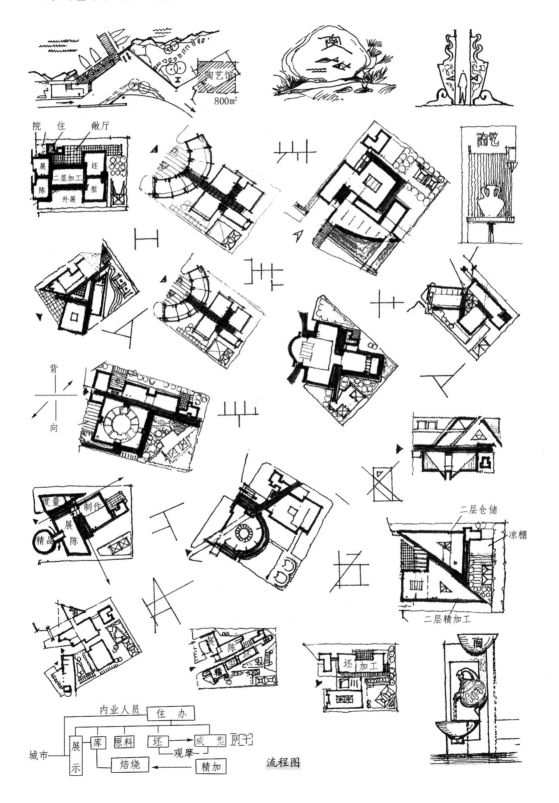

流程图

设计无定法

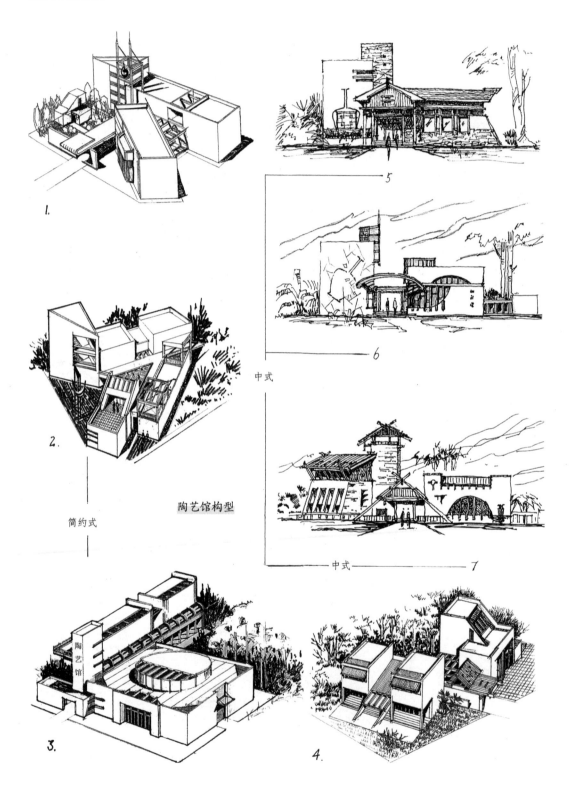

1.

2.

3.

4.

5.

6.

7.

简约式

中式

陶艺馆构型

中式

同一内容会有许多形式变化的可能性，也有风格上的差异。

设计无定法

　　某待建书店，南向临街立面不同风格之立面处理。为教学讲课，作者试绘了平、剖面及25幅立面，现选取部分方案，作为参考。

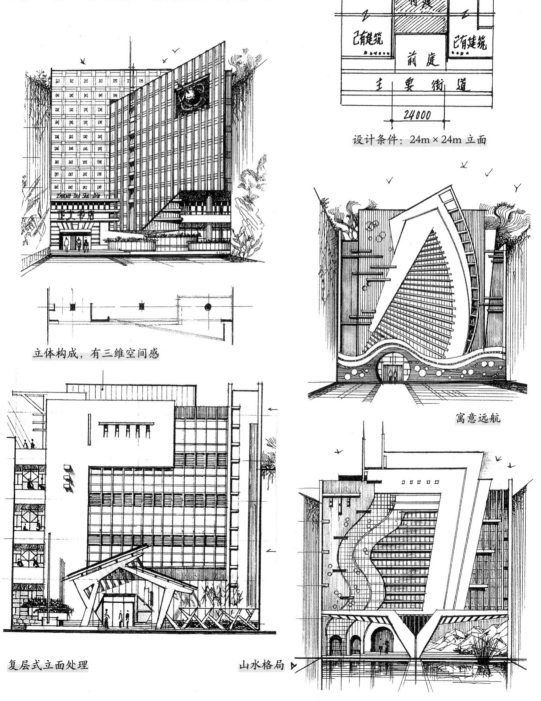

设计条件：24m×24m 立面

立体构成，有三维空间感

寓意远航

复层式立面处理

山水格局 ▷

设计无定法

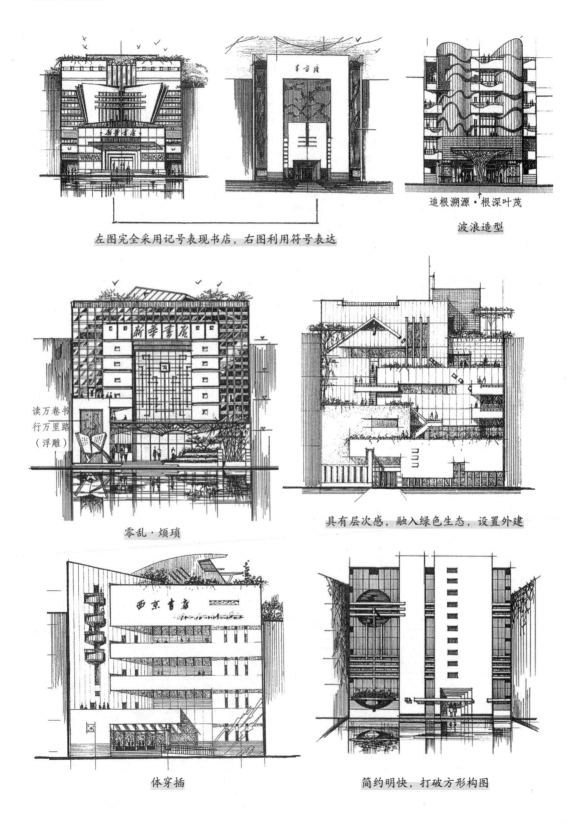

左图完全采用记号表现书店，右图利用符号表达

追根溯源·根深叶茂

波浪造型

读万卷书
行万里路
（浮雕）

零乱·烦琐

具有层次感，融入绿色生态，设置外建

体穿插

简约明快，打破方形构图

设计无定法

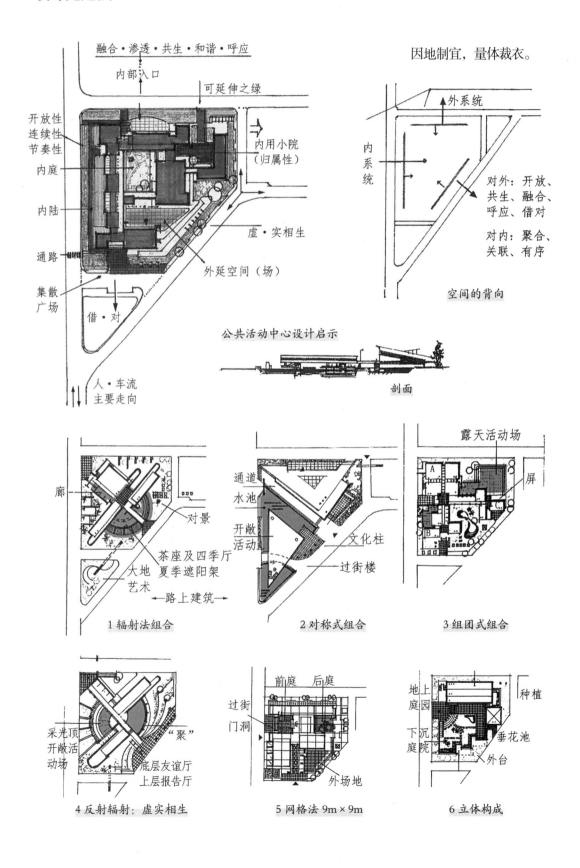

第三部分

传承与创新

10

传统文化元素的现代重构

中华文化博大精深，是几千年农耕和手工业文明的智慧结晶，随时代发展，不断认知过滤，优胜劣汰，推陈出新，持续发展，其中许多精华值得传承与发展，我辈应使之继续发扬光大，在伟大的民族复兴中重放异彩。尤其是文化艺术领域，物质的和非物质的文化遗产更是俯拾皆是，对于传承与创新，只在为与不为之间。作者认为在以下几个方面可以大有作为。

问渠那得清如许，为有源头活水来	民俗礼仪与文化方面 　　节日文化、季节文化、吉祥文化、福寿文化、孝悌文化、生肖文化、故里文化、归根文化、祭祀文化、姓氏文化、俭朴文化、敬老爱幼文化、餐饮文化、积德行善文化…… 　　文字、诗词、绘画、雕刻、书法、戏曲、服饰、脸谱、皮影……
	手工艺及民俗方面 　　面塑、泥塑、剪纸、丝织、刺绣、蜡染、青花瓷、陶艺、根雕、纹饰、编织、布艺、线雕、银饰……
	建筑及园林艺术方面 　　风水文化、宇宙图式、象征符号、园艺栽培、组景造境、赋形授义、象天法地、模拟自然、仿生仿真……

古字变形　　　传统与现代融合

传统造园手法

传统造景方法讲究"道法自然"，自然是和谐共生、相生相克、相得益彰、因果相连、相互依存；故造景贵在自然得体，随坡就势、得景随形、峰回路转、有无相生、疏密相间、虚实相生、刚柔相济、有限中延展无限，天外有天、层峦叠翠、小中见大、咫尺天涯、内取外借、有断有连、大气流行、变化无穷。

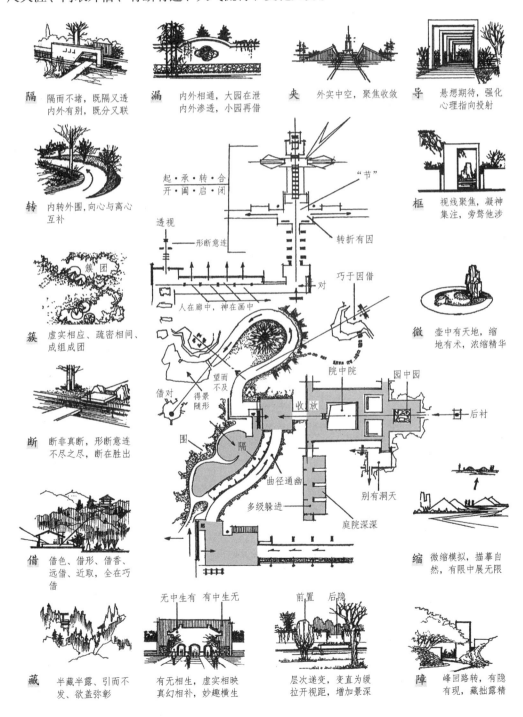

隔 隔而不堵，既隔又透 内外有别，既分又联

漏 内外相通，大园在泄 内外渗透，小园再借

夹 外实中空，聚焦收敛

导 悬想期待，强化 心理指向投射

转 内转外围，向心与离心互补

框 视线聚焦，凝神集注，旁骛他涉

起·承·转·合 开·阖·启·闭

"节"

透视 形断意连

转折有因

人在廊中，神在画中 对

巧于因借

簇 虚实相应、疏密相间、成组成团

簇团

微 壶中有天地，缩地有术，浓缩精华

断 断非真断，形断意连 不尽之尽，断在胜出

借对 望而不及 得景随形

围 隔

收放

院中院 园中园

后衬

曲径通幽 多级躲进 庭院深深 别有洞天

借 借色、借形、借香、远借、近取，全在巧借

缩 微缩模拟，描摹自然，有限中展无限

藏 半藏半露、引而不发、欲盖弥彰

无中生有 有中生无

有无相生，虚实相映真幻相补，妙趣横生

前置 后隐

层次递变，变直为缓拉开视距，增加景深

障 峰回路转，有隐有现，藏拙露精

传统造园手法现代应用

　　中国传统造景是突出空间与时间共存的造型艺术，强调空间的相互邻接、时间的前后相随，以人为中心，上下四方为宇，古往今来为宙，涵盖起—承—转—合、衔接过渡、往而复返、周而复始，以有限展无限、无中生有、有中生无、天外有天、楼外有楼、以大观小、小中见大、相互因借、多级多进、首尾相顾。人在空间走犹在画中游，移步换景、步移景异，在流动中观赏、在停驻中体验。

依山傍水·随坡就势　　　庭院深深·帘幕重重　　　望而不即·碧水垂影

远借近取·形影并用　　　半藏半露·高下相倾　　　预放先收·相互对比

曲折幽深·峰回路转　　　移步换景·多级多进　　　门洞 导景·隔景·漏景·对景

起承转合·序列诱导　　　院中有院·重层组构　　　转折借对·围合造场

小院回廊·庭廊串组　　　边界融合·相互渗透　　　湾岛相拥·形断意联

古韵今释

文化元素的应用

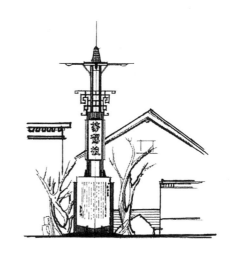

　　西安城遗留的基本都是明清时代的街巷，街巷名称也是由唐延续至清流传下来的，具有地方和历史文化特色，是城市发展的见证，是居民的城市记忆。如今，道路与建筑都已被改造，然而地名犹存，如能增加一些独特的标识，用以展现曾经的历史遗痕，为城市增加一些古韵，为市民传播历史文化，也可为彰显古城风貌起到一定的作用。

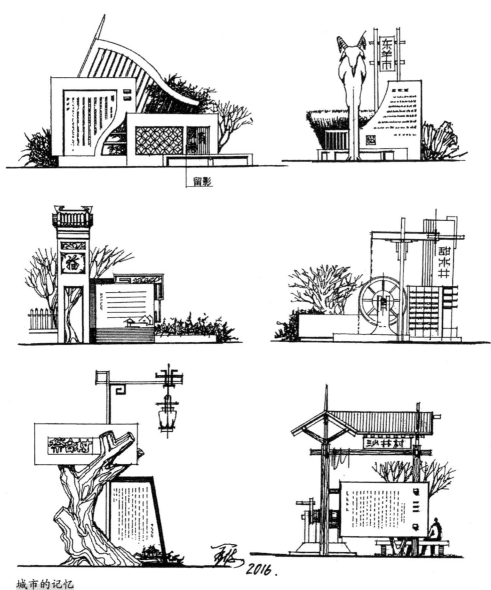

城市的记忆

文化元素的应用

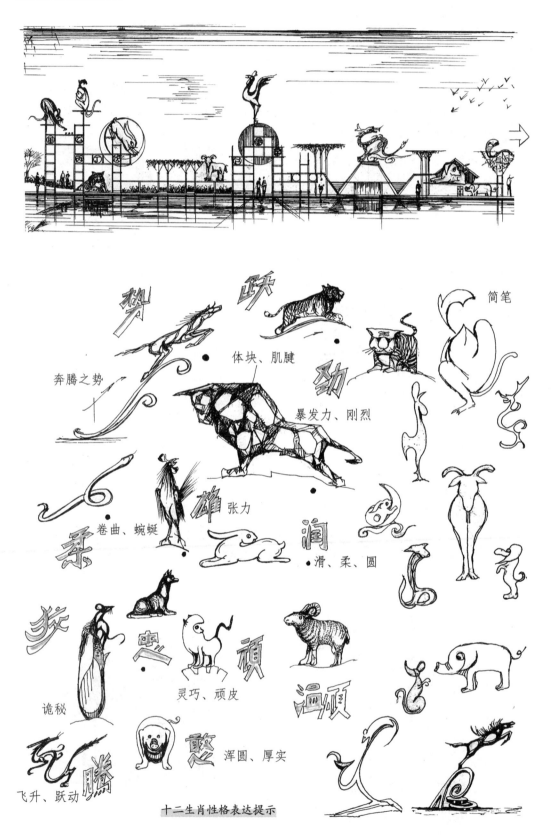

奔腾之势

势

跃

体块、肌腱

简笔

劲

暴发力、刚烈

雄 张力

卷曲、蜿蜒

柔

润

滑、柔、圆

炎

寒

顽

灵巧、顽皮

温顽

诡秘

憨 浑圆、厚实

腾

飞升、跃动

十二生肖性格表达提示

文化元素的应用

陶之韵

陶艺

游泳池畔一景

千古一帝秦始皇

剪纸

松竹梅

景观的深度开发——从形式层面进入意义世界思考

文化元素的应用

文化元素的应用

2019.9.15.

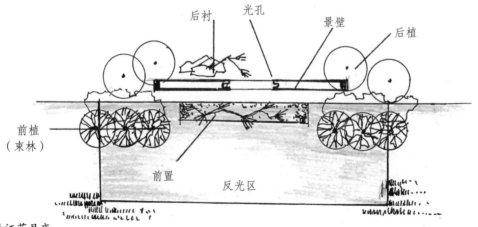

春江花月夜

11

建筑生态学

11-1 建筑生态学的基本常识及其应用

人是自然之子，是自然的一员，要按自然法则生活、劳作和创作，要热爱自然、珍惜自然，与自然和谐相处，熟悉自然基本规律，顺应自然。

建筑有如人体，在自然中会呼吸，能新陈代谢，能防灾避难，能冷热调节。

建筑的围护有如人的第二肌肤，可保温、防暑、御寒、通风、换气……

建筑的生态效应，应首先关注建筑大环境的改善，如增绿、立体式垂直绿化、消除热岛、减少硬质铺面的热辐射等。

建筑自身的生态性能，主要是从天然采光、自然通风、保温隔热、太阳能合理利用、防风沙、选择朝向、降低体积系数、屋顶与墙体绿化等方面进行综合治理。

绿色设计已纳入建筑设计的"八字方针"，设计者应具有自觉意识，把人与自然和谐的理念贯穿建筑创作的全过程。

1-光伏板
2-反射、隔热
3-全反射采光
4-绿化遮阳

与自然环境相和谐的生态建筑观

建筑的生态，首先应着眼于环境的生态，其次则是防、排、阻、隔、疏，拒不利因素于室外，并适当利用泥土的特性，在满足室内环境舒适度条件下，创造室内外的透视性和开放度。

11-2　边界空间承载的生态效益——人与自然相和谐，建筑与环境共生

　　狭义的"生态"是专指生物体的生理状态及在自然环境中生存与发展规律，及其优胜劣汰、适者生存的平衡状态。本书所指的生态，除关注生物的生理特性外，主要研究人与自然相和谐及建筑（包括园林小品）与环境共生等内容。严格地说：人乃自然之子，也是有机生命体的组成部分，需按自然法则维系生命健康。自然，包括阳光、空气、山、石、水、绿，以及气压、气温、辐射等多种元素。当然，绿植是主要关注对象，其他也需综合考虑，兴利避害。

改善生态效应的途径	**以绿植为基** 街边空间应以绿植为主。公园面积以2000m²为界，超过者应保证绿化面积占75%以上，不足者也应占65%以上，植被选择应以大型乔木为主，草灌搭配。按日本和德国测试，人的吸氧呼碳和树木的吸碳呼氧达到平衡时，每人需10m²乔木，20m²草坪。另外，据宾夕法尼亚大学几名医学教授研究，绿植对医治抑郁症患者疗效显著。
	减少硬质铺地 硬质铺地，是水平面受热最多的界面，受到阳光辐射后，以长波红外辐射向四周散热，不透雨水，易使雨水流失，对周边绿植无利。新建场地应以草坪和渗水地面代替。
	色、香、味、形兼顾 景观绿植不应单以形状取胜，如当前流行的竹、杉等。应以色、香、味、形兼顾的原则，适当考虑四季有景。
	兼种蔬菜 因市区内无大面积可种之地，建议发展立体栽植，采用架构等方式，栽植观赏性花木或食用菜蔬，承包管理，公共种植，或承包经营。在喧闹繁华的都市中镶嵌几处田园景象也是一种别样的风采。如雄安新区按二十四节气种植，有的景区也以田间植物为景（油菜花、向日葵、荷等）。
	声、光、气、雾 自然生态中的声、光、气、雾，也是一种常见的天象和气象，在现代构园中完全可以用来造景，创造奇特的环境氛围，引人入胜。但是不应以亮化之名，在植物身上披灯挂彩，影响植物的正常生息。
	建筑与环境共生 场所及其他装置，为保持有机生长性，都应以绿植为衬托，相互融合渗透。

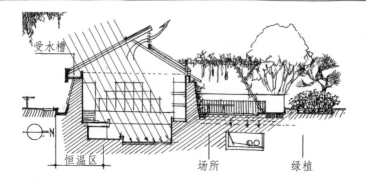

热辐射

阳光以全频谱直接投射，其可见光产生的热量与红外线产生热量几乎相等，物体接收后又以长波的形式向四周散射，故应力求隔绝红外辐射，以减少房屋的得热量，并选择良好朝向，以减少光通量。

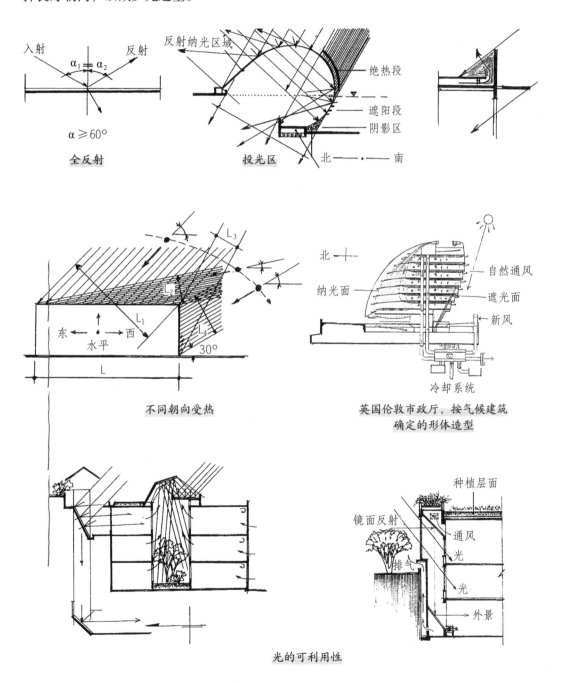

全反射

投光区

不同朝向受热

英国伦敦市政厅，按气候建筑
确定的形体造型

光的可利用性

自然通风

空气的温度不同，比重不同，由温差形成比重差，引起气流运动，产生风。在平坦的地面，风（空气）按层流运动；在有障碍的地面，气流会上抬和下沉。气流运动有风压与热压两种。

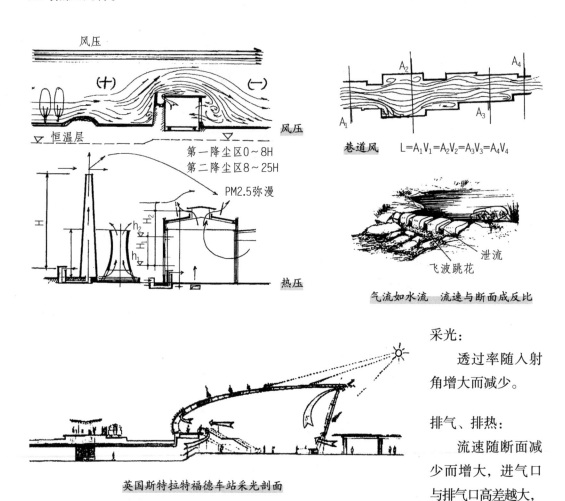

风压

第一降尘区0~8H
第二降尘区8~25H
PM2.5弥漫

热压

巷道风 $L=A_1V_1=A_2V_2=A_3V_3=A_4V_4$

泄流
飞波跳花
气流如水流   流速与断面成反比

英国斯特拉特福德车站采光剖面

采光：

透过率随入射角增大而减少。

排气、排热：

流速随断面减少而增大，进气口与排气口高差越大，拔气效果越明显。

散射面   热气流通道（烟囱效应） $\alpha \geq 60°$ 时全反射
涡流
射流
光
热压差
Δh
阴影区
Δh
双层顶、双层墙：可呼吸，具有排热隔热双效能。
劲流区   反射面   穿堂风
英国斯特拉特福德车站排气、排热剖面

生态建筑创作

  窑房结合。土有就地取材之利，地下1.4m已有恒温效应，厚重土层冬暖夏凉；木有柔性，便于抗震和空间组构，故土木结合，自古有之。

  这种结构扬长避短，优势互补；窑房兼顾，整体提升。变被动式为主动式，引入现代科技，可创造第二自然。窑居具有可持续发展的特性。

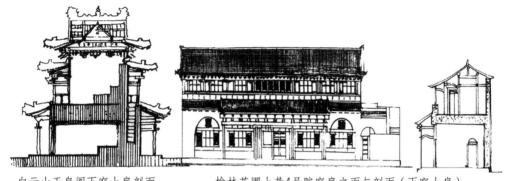

白云山玉皇阁下窑上房剖面　　　　　榆林艺圃上巷4号院窑房立面与剖面（下窑上房）

某些建筑已经采用了窑房相结合的方案，一般是下窑（刚）上房（柔）。左图内容之实与外柱廊之虚，相辅相成。

传统建筑窑房结合

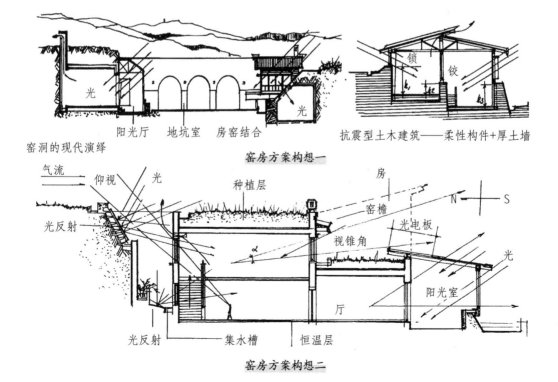

窑洞的现代演绎

窑房方案构想一

窑房方案构想二

生态建筑创作

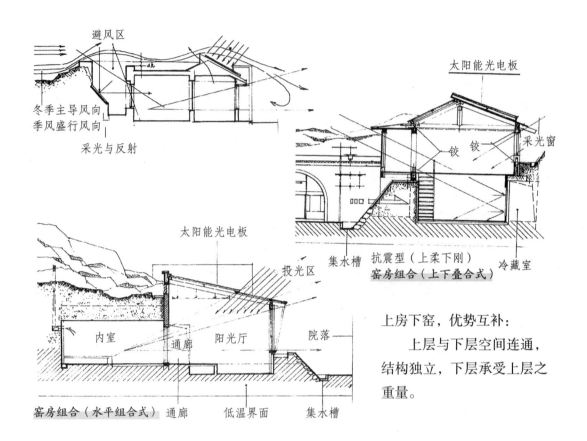

避风区

冬季主导风向
季风盛行风向

采光与反射

太阳能光电板

铰 铰

采光窗

集水槽　抗震型（上柔下刚）
窑房组合（上下叠合式）　冷藏室

太阳能光电板

投光区

内室　　通廊　阳光厅　院落

窑房组合（水平组合式）　通廊　　低温界面　　集水槽

上房下窑，优势互补：

　　上层与下层空间连通，结构独立，下层承受上层之重量。

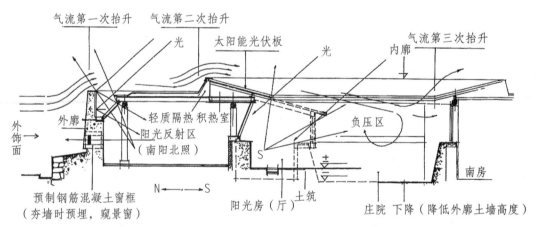

气流第一次抬升　气流第二次抬升

光　　　　太阳能光伏板　　　光　　　　　　　　气流第三次抬升

内廊

外廊

外饰面

轻质隔热积热室
阳光反射区
（南阳北照）

负压区

S

N　　S

预制钢筋混凝土窗框
（夯墙时预埋，窥景窗）

阳光房（厅）　土筑

庄院 下降（降低外廊土墙高度）

南房

青海庄廊民居从传统走向现代的设计攻略（构想）

1. 传统庄廊以土筑墙四面封闭围合，并以纯土夯筑，缺少变化；
2. 该地区年日照时数已3000小时，有利用太阳能的价值；
3. 昼夜温差与气温年差较大，受季风影响严重，应按风压疏导气流；
4. 降水偏少，年降雨量只有200多毫米，且集中在7月，防水不是主要问题，应注意雨水收集；
5. 土质坚实，宜在充分发挥土资源条件的前提下，更加开放、明亮、美观、简朴、现代。

生态建筑创作

　　生态建筑，泛指节地、节能、节水、节材，减少污染，促进健康，身心愉悦，高效适用，人与自然和谐的可持续发展的建筑。

　　环境是建筑母体，建筑应与环境共生。自然生态与建筑相和谐，是建筑创作的侧重点。

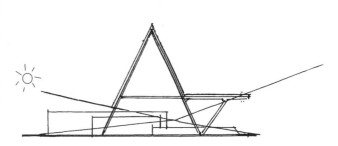

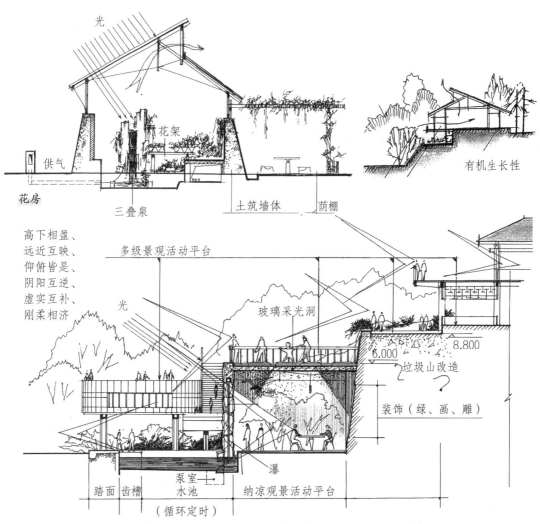

光

花架

供气

花房

三叠泉　　　　土筑墙体　　荫棚

有机生长性

高下相盈、
远近互映、
仰俯皆是、
阴阳互逆、
虚实互补、
刚柔相济

多级景观活动平台

光

玻璃采光洞

6.000　　　　　8.800

垃圾山改造

装饰（绿、画、雕）

瀑

踏面　齿槽　　泵室　　纳凉观景活动平台
　　　　　　　水池
　　　（循环定时）

"花果山与水帘洞"剖视及层次结构（从上至下六级层次）
（本方案为一座建筑垃圾山的改造）

生态建筑创作

躲避风沙的开放式街厅设计练习。

设计条件：在青海某市拟修建一处开放式共享街厅，承载旅游休闲、参观藏传佛教文化展的功能，因当地气候寒冷，风沙较大，民居皆用庄廓形式，街厅也应外敞内封。

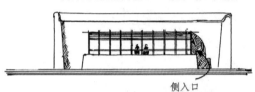

从传统走向现代设想——技术与艺术结合

侧入口

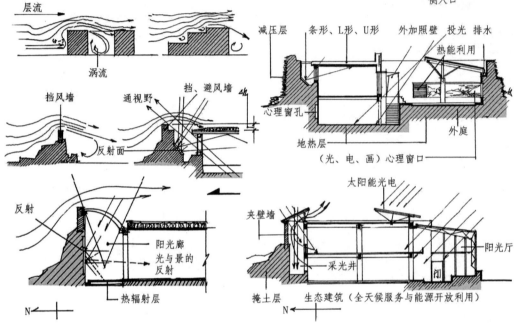

层流

涡流

挡风墙

通视野

挡、避风墙

反射面

反射

阳光廊
光与景的
反射

热辐射层

N

减压层　条形、L形、U形　外加照壁　投光　排水

热能利用

心理窗孔

地热层

外庭

（光、电、画）心理窗口

太阳能光电

夹壁墙

采光井

阳光厅

掩土层　　生态建筑（全天候服务与能源开放利用）

N

客侧
货侧

客流

货流

（内院）

停车场

城市
空间

入口　庭院　阳光厅　活动室
　　　庭院　阳光厅　活动室
入口　客服休息　庭院
贮存、研究、办公　展示空间
　　　　　　　　　外展区

功能分析图

设计要点：

1. 尽量避免直线式劲流的巷道风，力争曲折缓冲，适当组织封闭、半封闭、反转式内院；设置挡风墙，避开主导风向和劲流。

2. 文化休闲与佛文化展示，应表达不同的场所精神和不同的空间结构与建筑形态，体现天、地、人、神一体化，地域、民族、现代相结合。

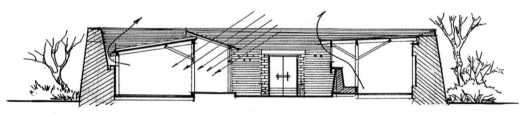

当地民居庄廓示意

生态建筑创作

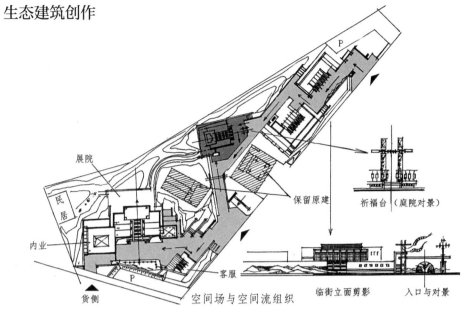

展院

民居

内业

客服

货侧

保留原建

祈福台(庭院对景)

临街立面剪影 入口与对景

空间场与空间流组织

方案1

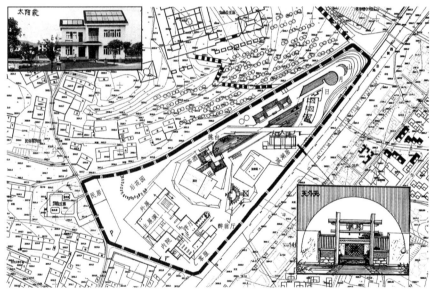

方案2

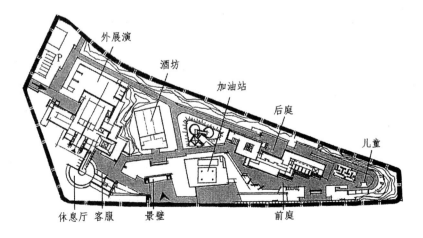

外展演

酒坊

加油站

后庭

儿童

休息厅 客服 景壁 前庭

方案3

生态建筑创作

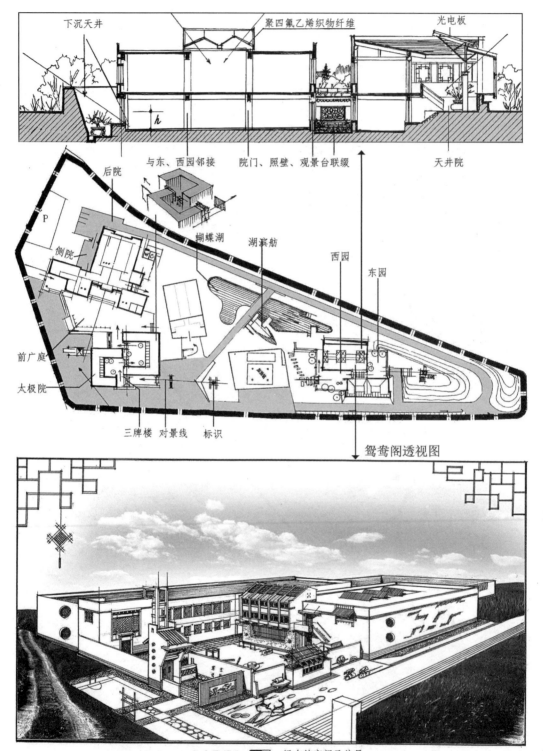

下沉天井   聚四氟乙烯织物纤维   光电板

后院   与东、西园邻接   院门、照壁、观景台联缀   天井院

P

侧院

蝴蝶湖   湖滨舫   西园   东园

前广庭

太极院

三牌楼   对景线   标识

鸳鸯阁透视图

仿庄廊形式 ▭▭ 组合的空间及外景

交错式环扣布局   方案4

生态建筑创作

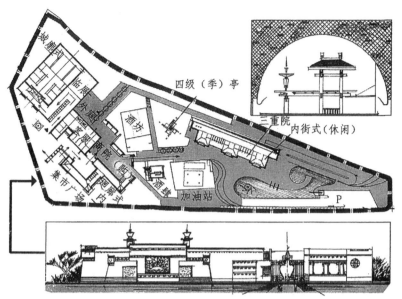

封闭式天井与围合式套院 方案5

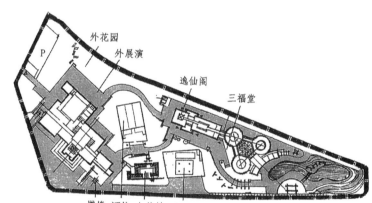

方案6

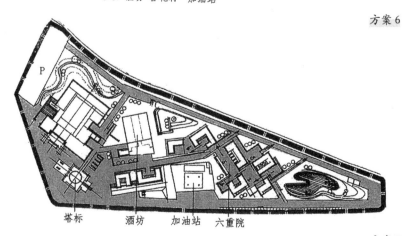

方案7

12

践行新中式

承接传统之精髓，吸取现代之硕果

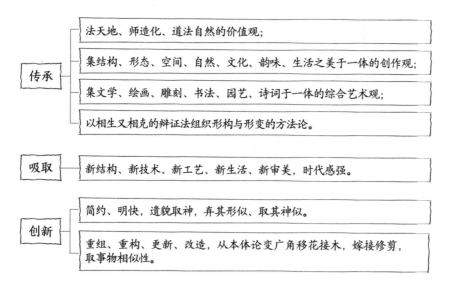

传承
- 法天地、师造化、道法自然的价值观；
- 集结构、形态、空间、自然、文化、韵味、生活之美于一体的创作观；
- 集文学、绘画、雕刻、书法、园艺、诗词于一体的综合艺术观；
- 以相生又相克的辩证法组织形构与形变的方法论。

吸取
- 新结构、新技术、新工艺、新生活、新审美，时代感强。

创新
- 简约、明快，遗貌取神，弃其形似、取其神似。
- 重组、重构、更新、改造，从本体论变广角移花接木，嫁接修剪，取事物相似性。

君不见古之"胡服骑射""包容共生""有容乃大"，今之"杂交水稻""花卉增值"，复古是无生命力的虚假，全盘西化是忘记根与魂，流行必是短暂的，只有创新是正道。

建筑形态

简约式图案化山水

建筑环境现代构成

新中式建筑、环境图景

道法自然

以天地为纸，四时为墨，智慧为笔，人生为题，书写、描绘生命意义与价值的华章，营造如诗如画的水墨丹青和世外桃源。

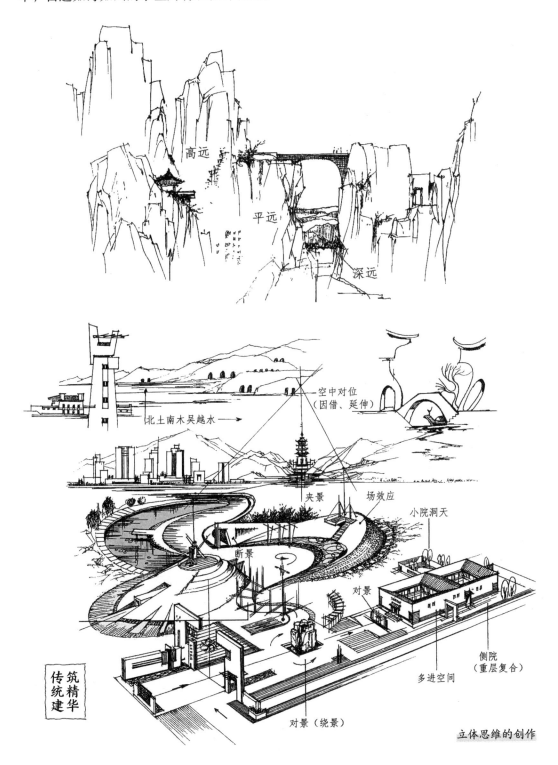

立体思维的创作

生活美与建筑美

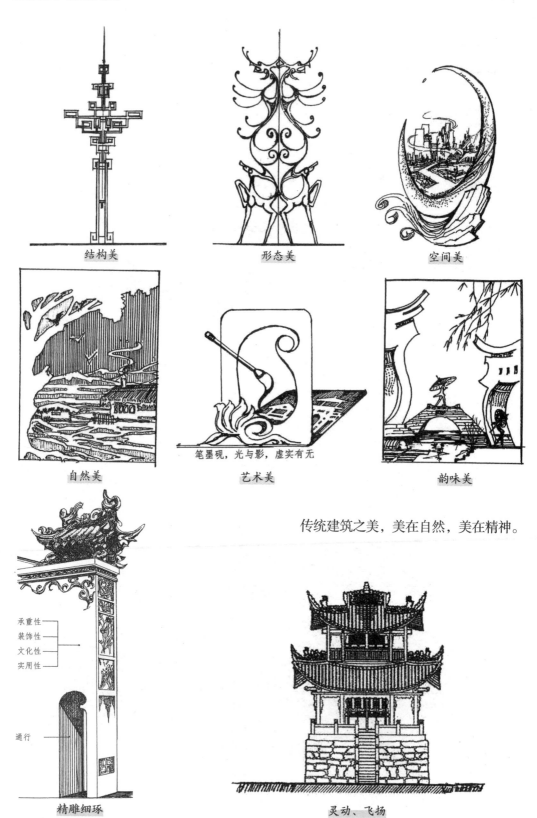

结构美

形态美

空间美

自然美

笔墨砚，光与影，虚实有无

艺术美

韵味美

传统建筑之美，美在自然，美在精神。

承重性
装饰性
文化性
实用性

通行

精雕细琢

灵动、飞扬

生活美与建筑美

玲珑剔透

雄浑厚重

融入自然，建筑与环境共生

　　传统建筑蕴涵着无穷的智慧、高超的技艺、丰富的造型，向人们展示生命的活力，其精神是永恒之道。

新中式创作

重庆猪行街某宅

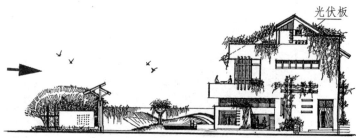

向阳门第——建筑与自然守望相顾、融合共生、相互渗透

重庆归元寺某寺

新中式

神似

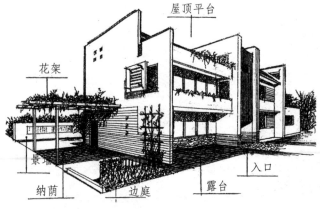

错层别墅生态家屋（平坡结合）

依坡就势

吊脚楼现代演绎　　　　　　　　　　　　　　　　吊脚楼

新中式创作

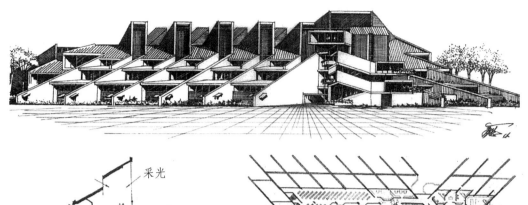

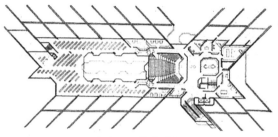

采光

书架

阅览·休息

尼加拉瀑布市图书馆

"学海无涯苦作舟"
外国图书馆与中国的建筑象征何其相似

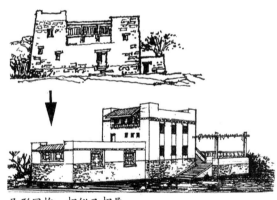

异形同构，相似又相异

借鉴——（日）美秀美术馆 贝聿铭

简约、明快、空透、活泼
新中式应具有传统的气骨
与风韵，也须表现时代的
特征。

新中式创作

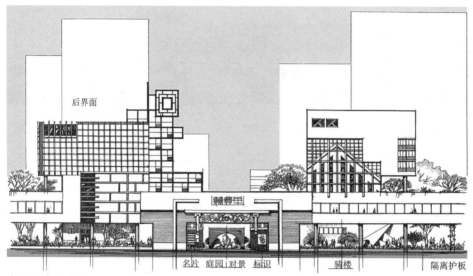

全天候步行空间

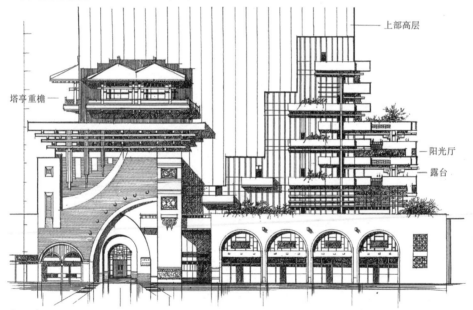

高层建筑近地面新中式处理　　高层建筑楼新中式设计，可在近地面视线所及之处作局部处理，上下分层仍是可行的，会有亲和力。

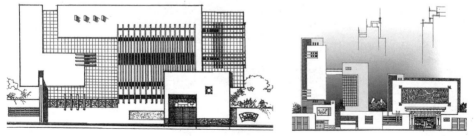

利用窗格、门饰、线条、图案，进行因子渗透表现新中式

新中式创作

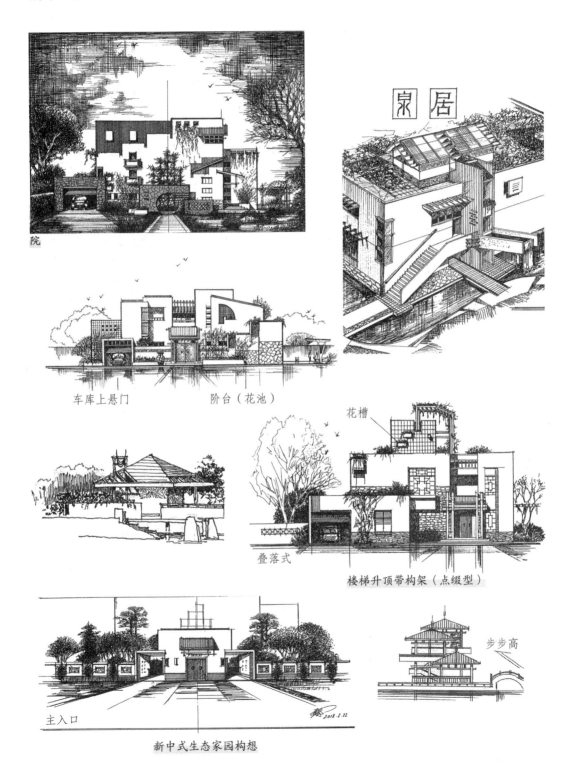

院

车库上悬门　　　　阶台（花池）

泉居

花槽

叠落式

楼梯升顶带构架（点缀型）

步步高

主入口

新中式生态家园构想

新中式创作

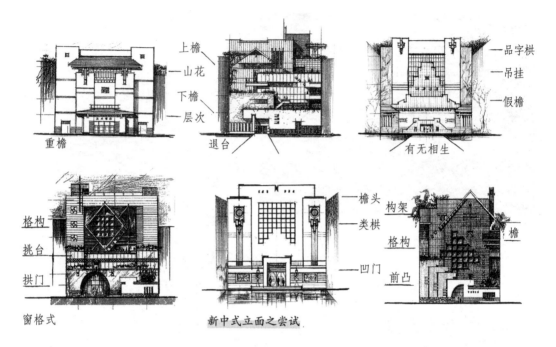

高层屋顶常有冷却装置，并可兼有避难、停机坪等功能，故宜平实简单。而且风力较大，抗震要求较高，不宜庞杂臃肿，更不适合采用大屋顶形式，按和而不同的精神处理较为适宜。

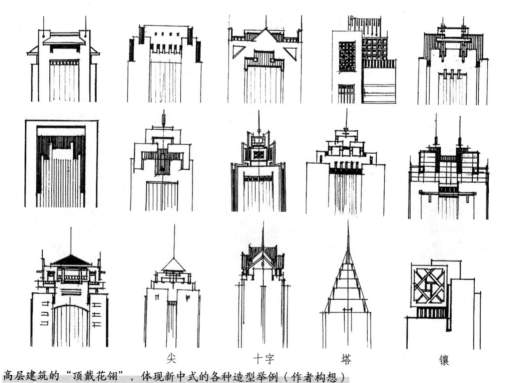

高层建筑的"顶戴花翎"，体现新中式的各种造型举例（作者构想）

新中式创作

茶座内设 三重 露台 挑栅 悬阳台 露台
进深

符号的选取与衍化——入口导入
（集雕刻、绘画、自然、光影于一体）

格栅顶凉蓬 空格构·正阳台 格构托花

半实半虚构架式

地瓜藤叶蔓延

光伏板与空格藤架 种植槽 屋顶绿植

端墙虚构（神似坡顶） 构架

符号群化 ← | → 符号组拼

脸谱

片段 皮影 拴马桩 纹饰
元素提取

附加符号（方整体型，外表面附加檐饰）

光伏板 屋顶绿化 遮阳

遗貌取神

中式，广指形态、环境、生态、纹饰、神韵诸多方面，非指坡顶、封火墙、斗栱、老三段，跳出巢穴，大有可为。

新中式创作

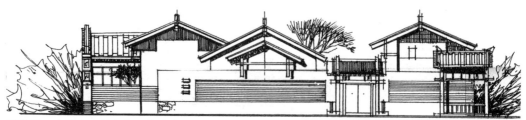

短进深、院落式、新中式风格的街景，按三维形式处理，具有仿真效果，立体感较强。与依附于墙体的纯贴面装饰相比，有一定的实用价值。

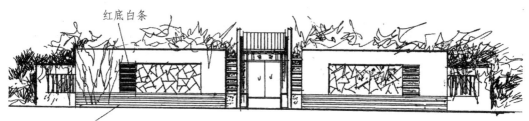

红底白条

采用片墙组织街之设想

该案比较简单，仿院墙形式、具有真实感，施工简便。

以两维表达三维形象之试作

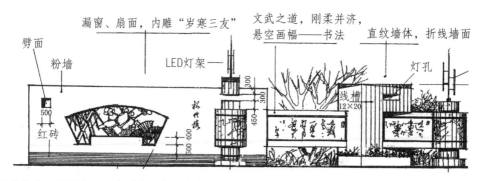

漏窗、扇面，内雕"岁寒三友"

文武之道，刚柔并济，
悬空画幅——书法

直纹墙体，折线墙面

劈面

粉墙

LED灯架

灯孔

线槽
12×20

红砖

艺术墙体，用漏窗、画卷形式组成，有文化与装饰作用。

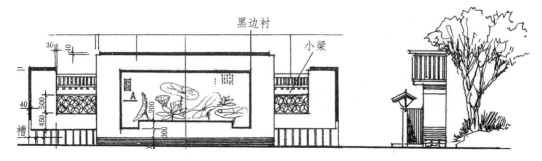

黑边衬

小梁

类似做法，园内不止一处。陕西周至水街，河道两侧皆用二维立面，不过是以土墙镶磨盘等物，表现纯乡土气息，构件多以点状为主。苏州一处做法是贴墙表示店面街景。本方案是作者为甘肃某县而作。

新中式创作

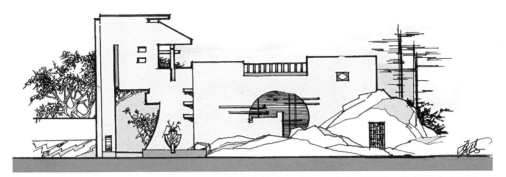

"中国韵" 利用传统文化元素进行简化、重组、重构、同构、片断解构之图式
（图中以有无、虚实、刚柔、高低、模糊、交错等手法来表现）

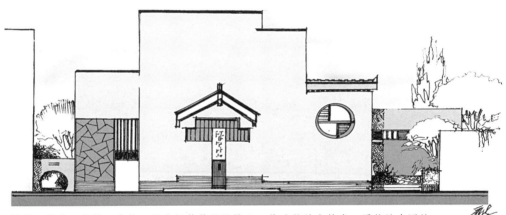

粉墙、檐饰、山花、窗格、月亮门等符号的摘取，使建筑具有简素、质朴的中国韵，
时代感明显。

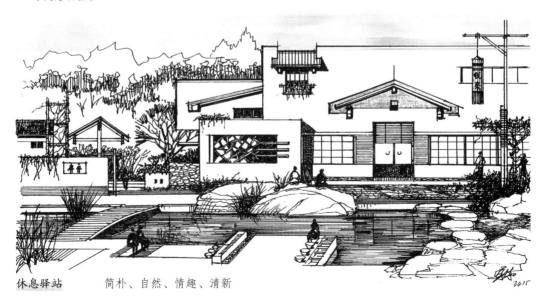

休息驿站 简朴、自然、情趣、清新

新中式创作

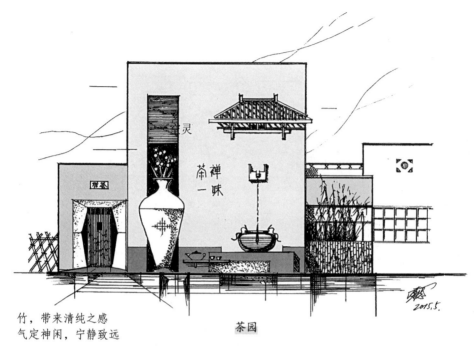

竹，带来清纯之感
气定神闲，宁静致远

茶园

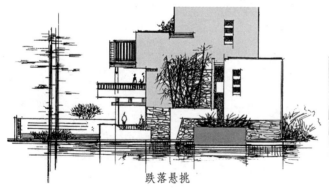

跌落悬挑

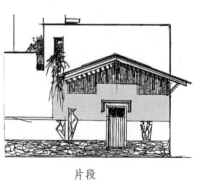

片段

高下相盈、起伏错落、虚实相生、刚柔并济

13

情感序列及空间组合

颇具中国特色的情感序列空间组合

中华民族在长期的农耕文明熏陶下，日出而作，日落而息，忙闲不均，起居不定，养成了慢节奏的习性，以致在一些纪念性、展示性、祭祀性、参拜性、宗教性、宗族性空间组合中，十分重视继时性体验，按情感序列顺次展开，常配以音乐烘托氛围，很有仪式感、节奏感、趣味性和意境。相比之下，西方人受工业社会影响，更希望短、平、快的共时效应，多为功能序列和群体空间组合序列，鲜有情感序列。故情感序列乃为东方建筑所特有，包括受中国影响的日、韩各国。

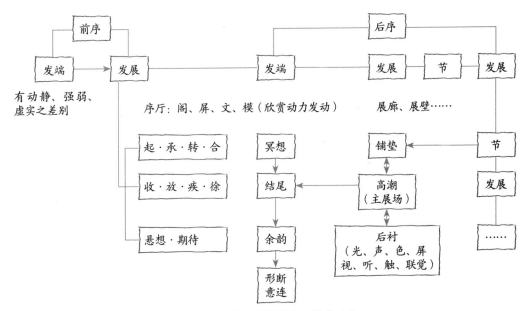

博、展、纪念建筑情感序列构成示意

　　序列空间从情感角度来看，符合前向情感→后随情感→移入情感的发展过程。在起景中形成的第一印象可以形成初始效应、刻板效应，并可产生"晕轮效应"（一俊遮百丑，一见钟情），在发展端中，主要解决时空转化，"收心定情、脱俗净化"，使心理投向主题（目标）。

　　在传统山林建筑中，由于地形、地势所限，不能直接进行空间衔接时，亦可改为空间对位形式，形成序列和轴对。

　　贝聿铭大师的美秀美术馆和安藤忠雄的头大佛，都采用了情感构成手法进行空间组构。

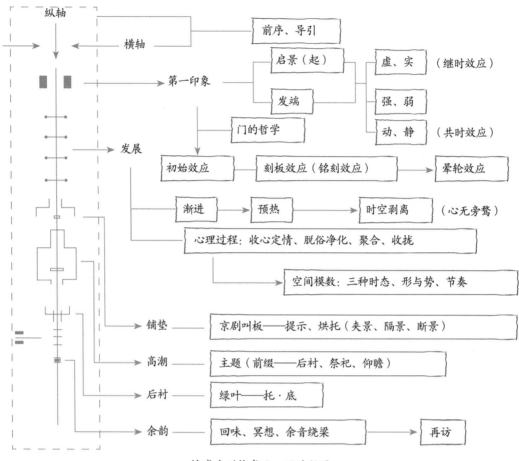

情感序列构成及心理过程图

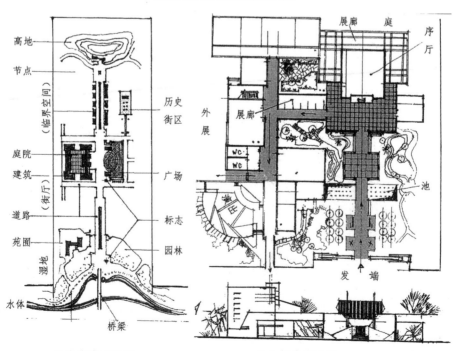

按直线序列组织   按曲折序列组织

建筑空间及环境建构导图

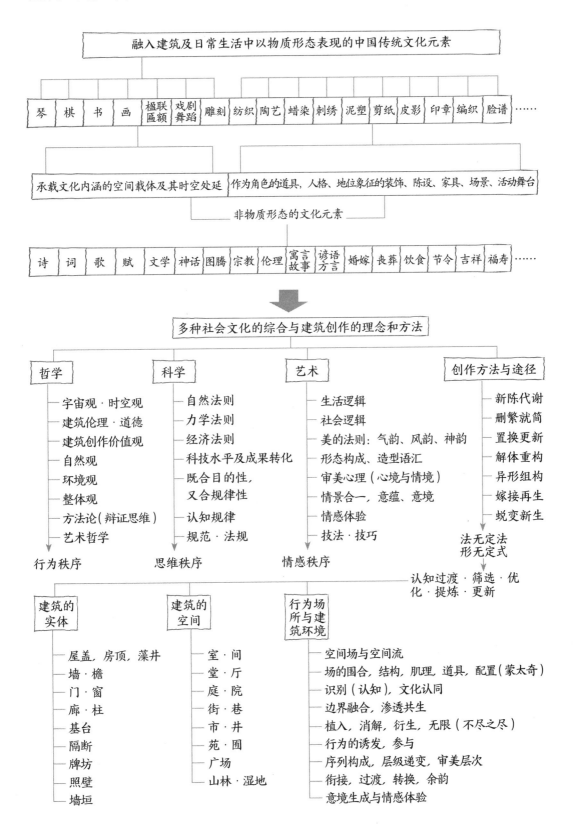

传统空间序列

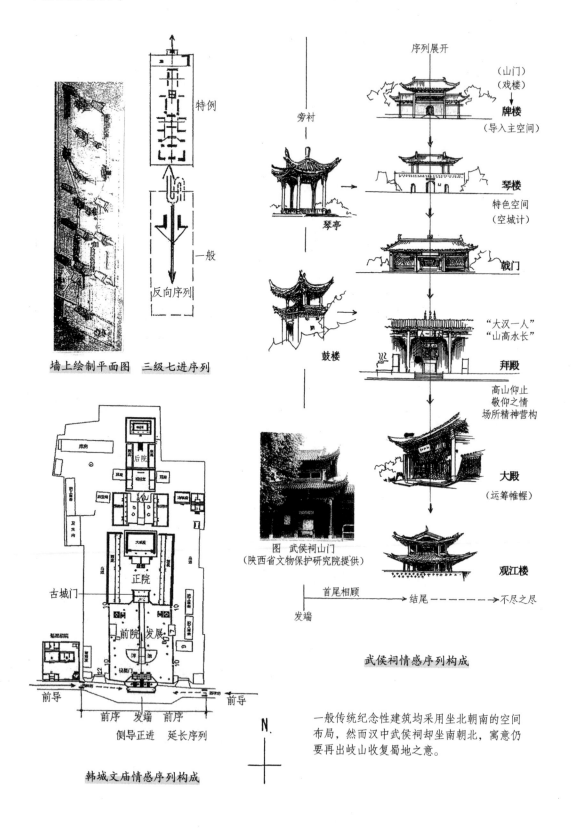

墙上绘制平面图　三级七进序列

武侯祠情感序列构成

韩城文庙情感序列构成

侧导正进　延长序列

图　武侯祠山门
（陕西省文物保护研究院提供）

一般传统纪念性建筑均采用坐北朝南的空间布局，然而汉中武侯祠却坐南朝北，寓意仍要再出岐山收复蜀地之意。

传统空间序列

空间，是生活的舞台，是行为的导演，是诱发情感的道具；是用于体验的，不是无谓的陈设。

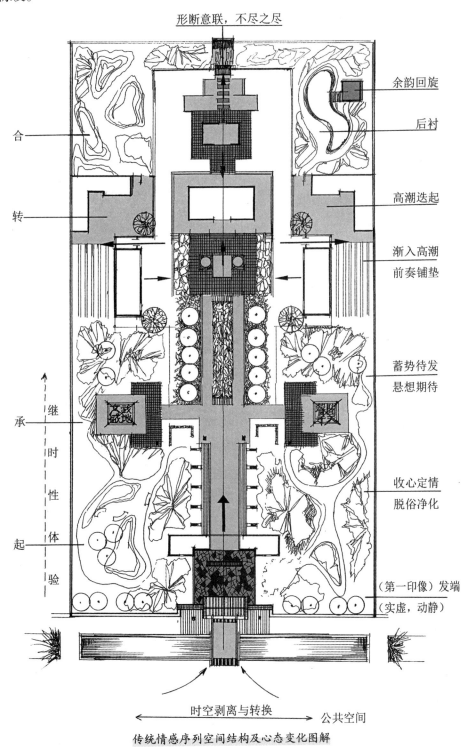

传统情感序列空间结构及心态变化图解

纪念性自然式序列

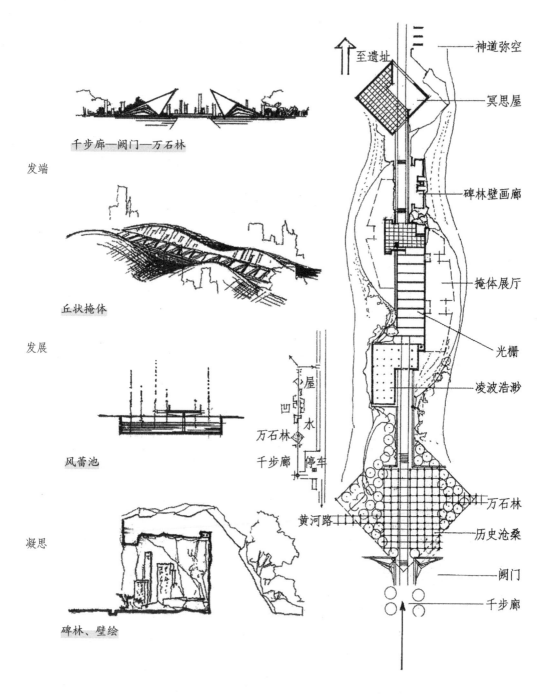

千步廊—阙门—万石林

发端

丘状掩体

发展

风蕾池

凝思

碑林、壁绘

神道弥空

冥思屋

碑林壁画廊

掩体展厅

光栅

凌波浩渺

万石林

历史沧桑

阙门

千步廊

至遗址

凹屋

水

万石林

千步廊

停车

黄河路

利用直线通道，以时有时无、时而高亢、时而幽思，跌宕起伏的情感序列，将人带入一种在沉思中缅怀、在亢奋中激励的情感世界，是继时性的体验。

文化建筑及其环境构思

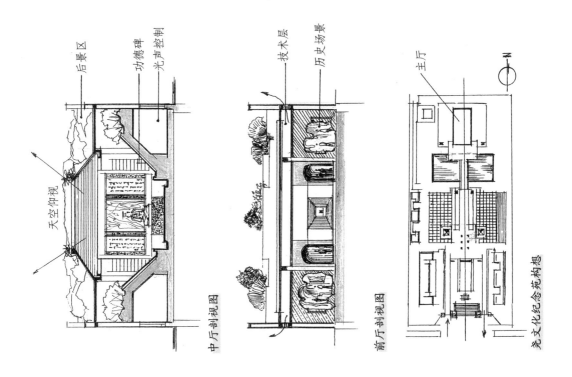

中厅剖视图　　前厅剖视图　　尧文化纪念苑构想

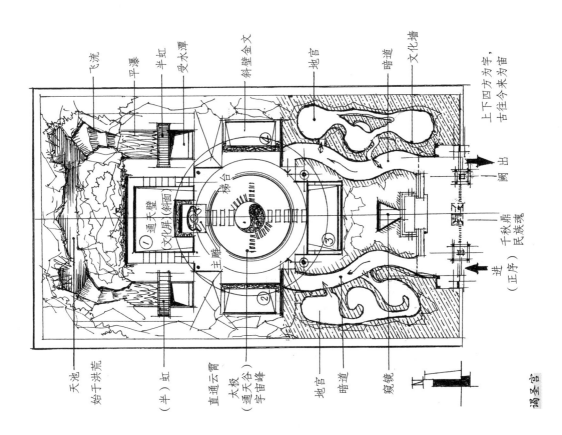

谒圣宫

文化建筑及其环境构思

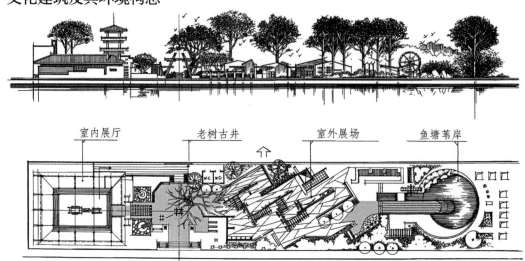

室内展厅 　 老树古井 　 室外展场 　 鱼塘苇岸

耕织文化馆（青少年教育基地·记住乡愁）

作者参观的两处农耕文明展馆，皆在郊县，且以具象实物为主，参观者甚少。当前，城市居民虽离开农耕不久，已把艰苦朴素丢在脑后，浪费惊人。昔日那种"谁知盘中餐，粒粒皆辛苦"的意念荡然无存。所以，城市中修此展馆十分必要。除展示部分实物外，还应有影像再现。本方案室内外结合，实物、展屏、影像结合。

主次有别，前后呼应
厅廊兼顾，张弛有度

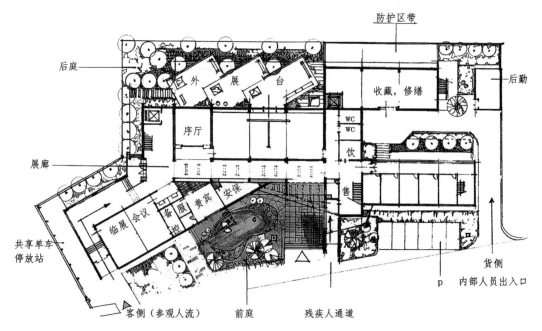

防护区带

后庭

外　展　台

收藏，修缮

后勤

序厅

WC
WC

饮

展廊

临展　会议　备服　贵宾　安保
控

售

共享单车
停放站

货侧

内部人员出入口

客侧（参观人流）　　前庭　　残疾人通道

小型博展类建筑（内外分流）

文化建筑及其环境构思

城区内小型博物馆（纪念苑）空间组合方案构想。

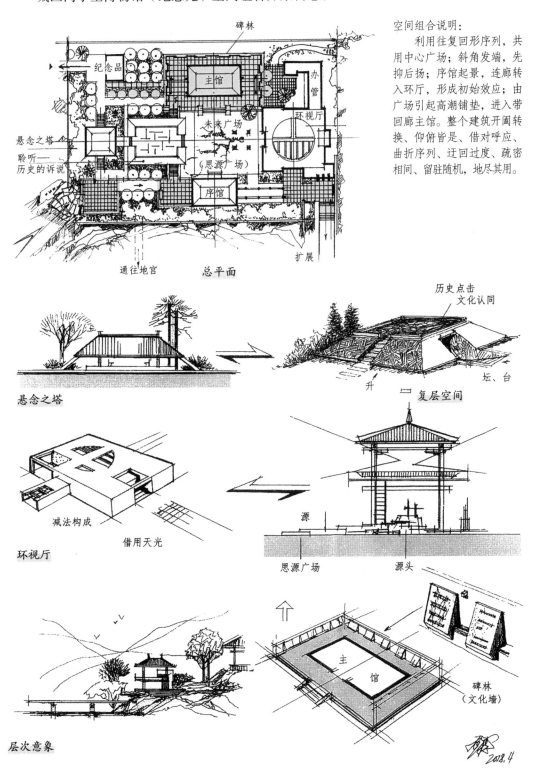

空间组合说明：
　　利用往复回形序列，共用中心广场；斜角发端，先抑后扬；序馆起景，连廊转入环厅，形成初始效应；由广场引起高潮铺垫，进入带回廊主馆。整个建筑开阖转换、仰俯皆是、借对呼应、曲折序列、迂回过度、疏密相间、留驻随机，地尽其用。

碑林

纪念品

主馆

办管

环视厅

悬念之塔

聆听——
历史的诉说

未来广场

（思源广场）

序馆

扩展

通往地宫　　总平面

悬念之塔

历史点击
文化认同

升　　　坛、台

复层空间

减法构成

借用天光

环视厅

源

思源广场　　　　源头

层次意象

主
馆

碑林
（文化墙）

文化建筑及其环境构思

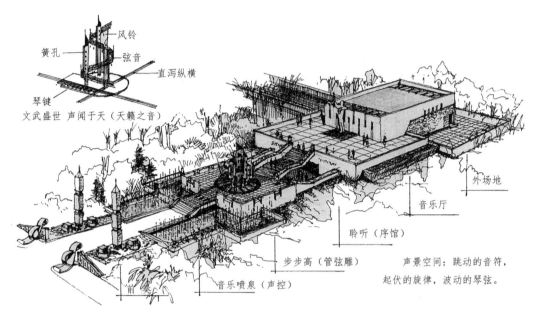

序列空间——杰出音乐家纪念园（构想方案）

西安有多处承载线性序列的空间可用于展现诗情画意，将人带入历史的回顾，梦回大唐。

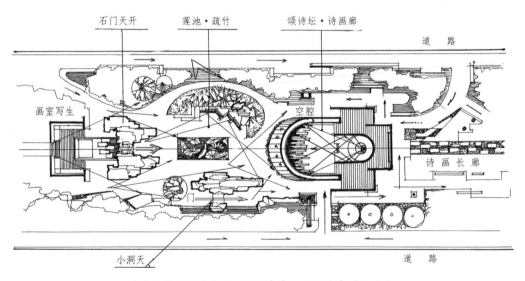

诗画长廊及视觉分析（视听盛宴，回归生命的故乡）

文化建筑及其环境构思

婚庆文化产业苑利用三角形为母题，按几何母题法组织群体空间组合之例图（供参考）。

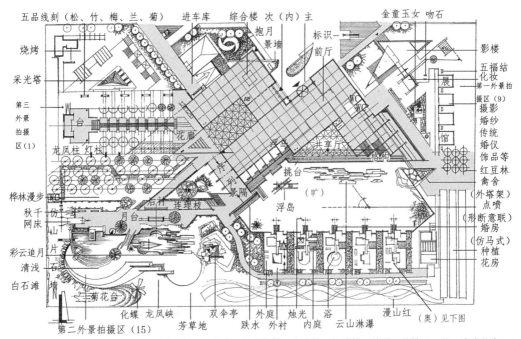

全方位・一条龙・融文化性、生态性、趣味性、旅游目的性于一体・流连共享
摄影・婚纱制作・首饰・纹饰・纪念品・动漫・婚房・策划・礼仪・培训综合

旷奥兼备

内庭（奥）

14

门的哲学

公共空间中门的效应与形式

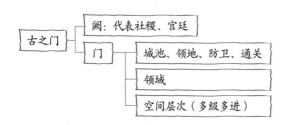

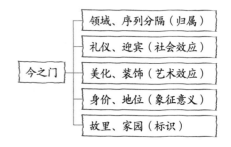

传统大门是由门槛、抱鼓、门楣、门闩、铺首、门
簪、对联、拴马桩、石敢当组合成的复式构件。

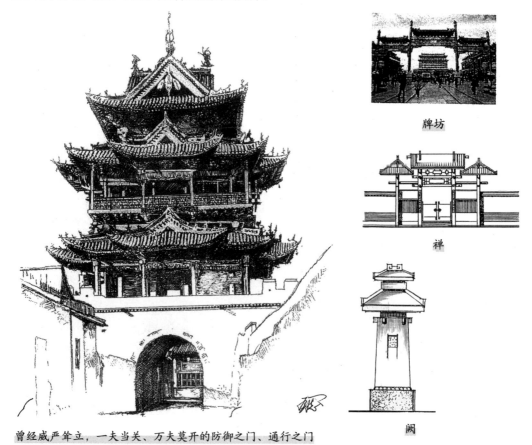

牌坊

禅

阙

曾经威严耸立，一夫当关、万夫莫开的防御之门、通行之门

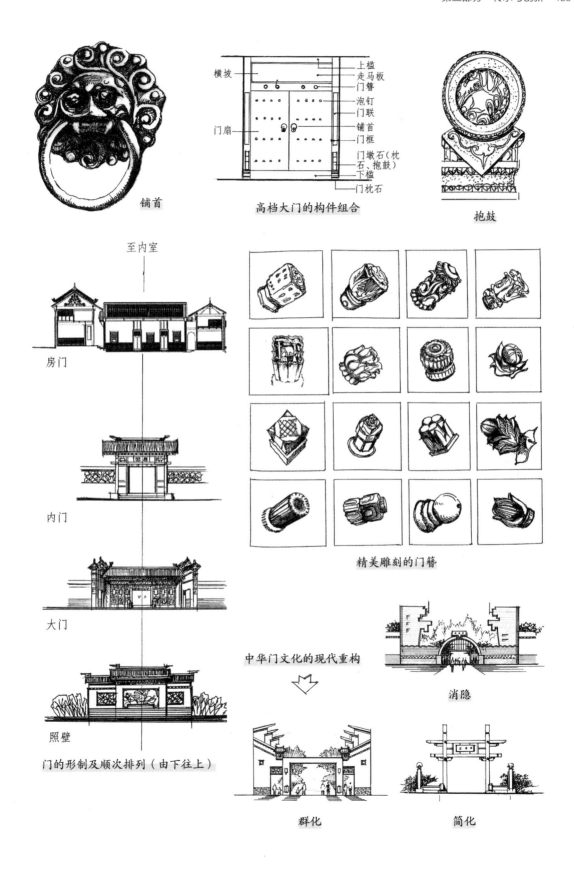

铺首

高档大门的构件组合

横坡

门扇

上槛
走马板
门簪
泡钉
门联
铺首
门框
门墩石（枕
石、抱鼓）
下槛
门枕石

抱鼓

至内室

房门

内门

大门

照壁

门的形制及顺次排列（由下往上）

精美雕刻的门簪

中华门文化的现代重构

消隐

群化

简化

门的现代构思

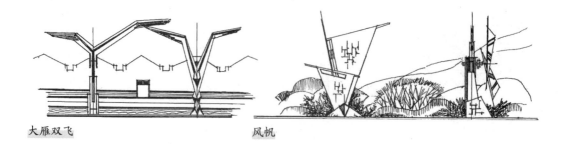

大雁双飞　　　　　　　　　　　　风帆

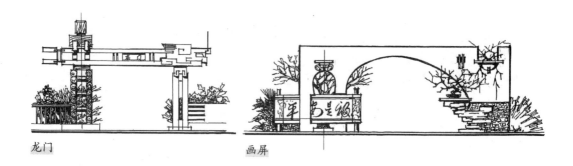

龙门　　　　　　　　　　　　画屏

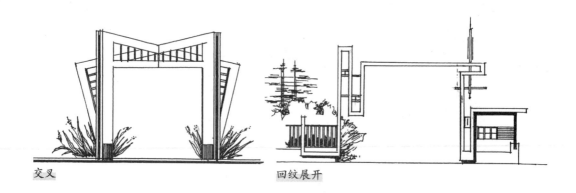

交叉　　　　　　　　　　　　回纹展开

门的现代构思

前庭后院，翠屏山庄
龙骨梅魂千帆竞，碧波清影九重天

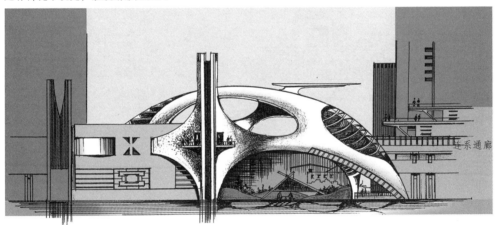

构形理念：刚柔并济、虚实互补、穿插相贯、俯瞰皆是、有机生成
中国元素的渗入、融合

开放空间

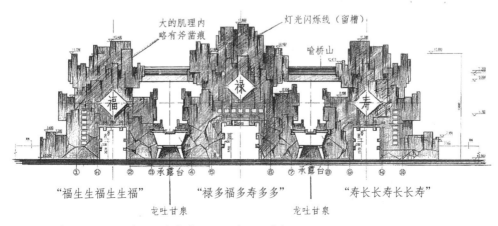

"生生不息"大门（为黄陵国家森林公园设计，已建）

门的现代构思

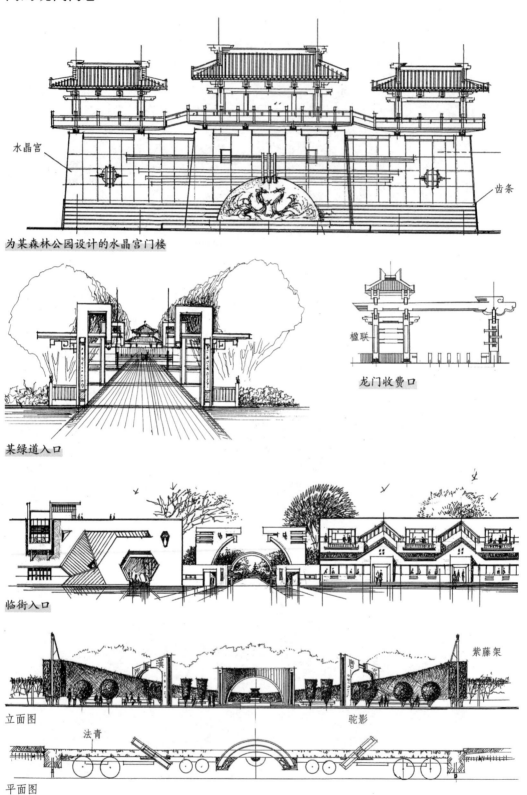

水晶宫

齿条

为某森林公园设计的水晶宫门楼

某绿道入口

楹联

龙门收费口

临街入口

紫藤架

立面图   驼影

法青

平面图

用绿化设计的大门

15

以禅文化营造远离尘嚣的静雅环境

　　禅文化，是以中国佛教禅宗思想为基础发展起来的一种传统文化，也是一种自我修行的良好方法，渗透在经典、书法、绘画、诗词、武术、素食、茶道、农耕各种领域。倾向于明心见性、气定神闲、安神养生的，基于"静"的行为，在自然素朴的环境中陶冶人的心志。现代人在高科技、快节奏、充满竞争的职场环境中，高强度、高压力往往会引起自律性丧失、身心疲惫，甚至处于亚健康状态。所以，希望能在短期内融入安适静雅的环境中，释放高压的情绪，缓解疲劳，恢复能量。期盼"久在樊笼里，复得返自然"，期盼从喧嚣的闹市和水泥丛林中步入"世外桃源"般的安静环境，小住一段时间。因此，促成了以禅文化营造民宿环境的热潮，不仅在乡野村镇，即使在繁华的都市也有另辟蹊径之处。

　　按禅文化营造的环境，应体现静、雅、简、素淡、安适的环境氛围，或配以吟、茶、清泉、修竹、芝兰、素食等元素作为中介，以示与吃、喝、玩、乐的短暂旅游的区别。

　　在生活中，禅与茶结合，成为"茶禅一味"，王维的诗句句是禅，成为诗禅；禅与素食结合，成为餐禅；建筑与禅结合，是为禅房；与枯山水结合则为禅园。

2019.3

禅意

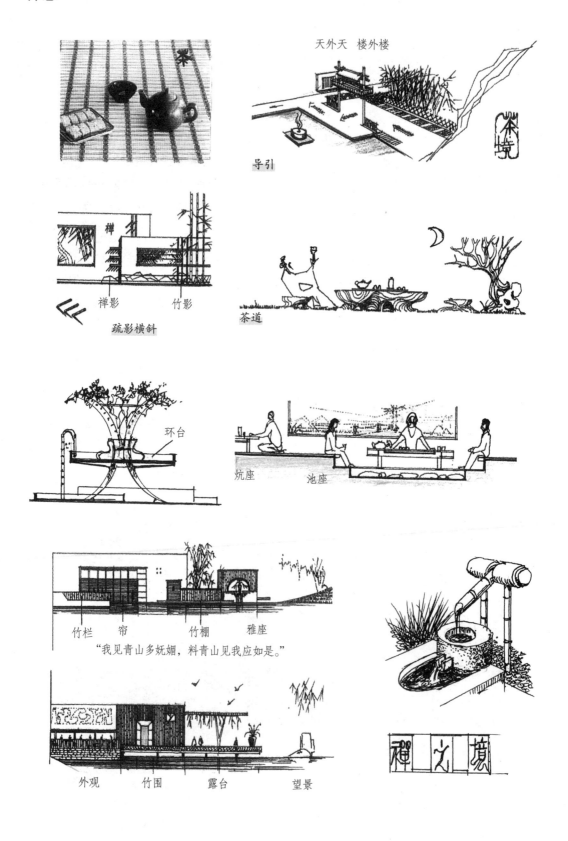

天外天 楼外楼

导引

茶境

禅影   竹影

疏影横斜

茶道

环台

炕座   池座

竹栏 帘   竹棚 雅座

"我见青山多妩媚,料青山见我应如是。"

外观 竹围   露台   望景

禅之境

禅意空间

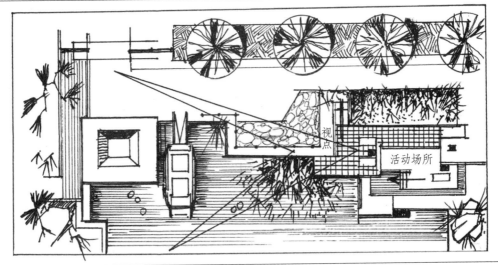

茶禅环境构思

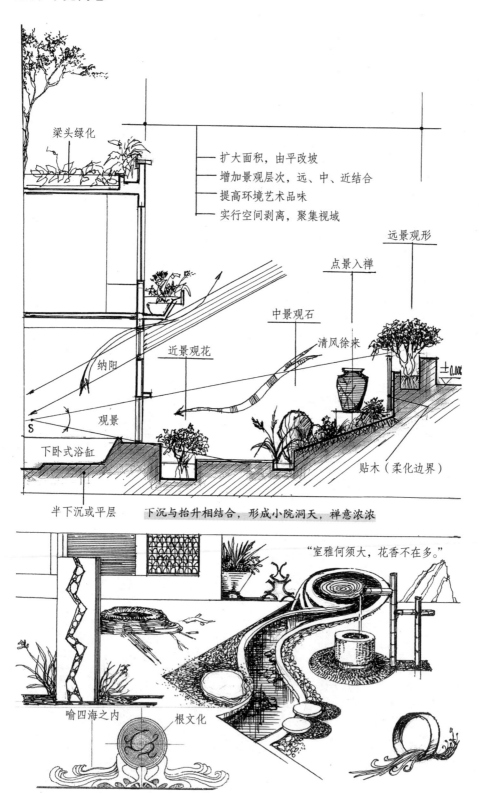

梁头绿化

扩大面积，由平改坡
增加景观层次，远、中、近结合
提高环境艺术品味
实行空间剥离，聚集视域

远景观形

点景入禅

中景观石

清风徐来

纳阳

近景观花

±0.000

观景

S

下卧式浴缸

贴木（柔化边界）

半下沉或平层   下沉与抬升相结合，形成小院洞天，禅意浓浓

"室雅何须大，花香不在多。"

喻四海之内   根文化

禅文化造型语汇

茶禅环境构思

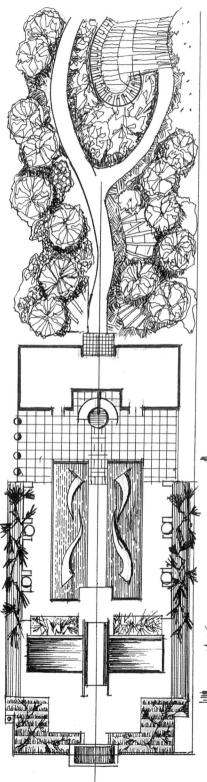

禅文化，与佛有关而非佛，属心理美学，通过形式心理暗示将人带入"明心见性、气定神闲、静心养性"的心灵感应，其环境氛围主要表现为静、虚、深、空、简、素、雅，收心定情，安神养性，适于老人、打工族中午休息、品茗会友，追求安静。

环境配置：松（苍古）、竹（清秀）、陶具（古雅）、白石枯水（记忆遗痕、纯净）、净水滴落（慢节奏、清音静谧）、樱花报春、苔藓示古。

场所营构：按序列展开，始自发端，经线性引导进入台坛，内有壁画环视，小桥、净溪，荡涤心扉。

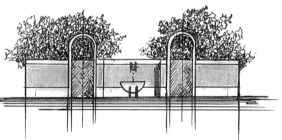

既承认实有：身是菩提树，心是明镜台，时时常拂拭，唯恐染尘埃。

又崇尚虚无：菩提本无树，明镜亦非台，本来无一物，何处惹尘埃。

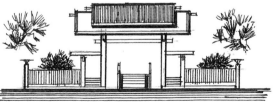

静思园构想——禅文化主题袖珍园

茶禅环境构思

明心见性，茶禅一味；
茶如其人，品味人生。

五庭轩构想

2014.6

云雾山庄（集贤聚道，返璞归真）

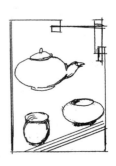

中国茶道精神：
　　正、清、和、雅
正八道：
　　正见、正思维、
　　正语、正业、
　　正命、正念、
　　正定、正精进

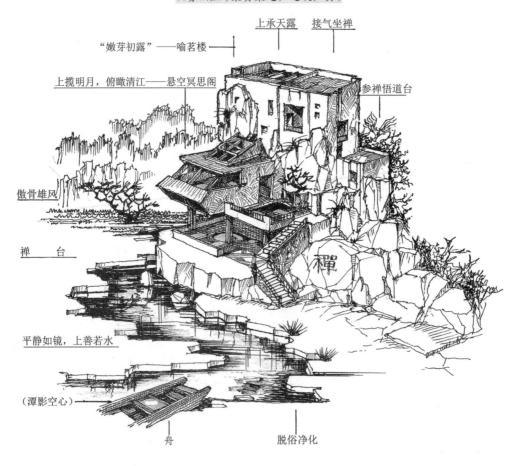

上承天露　接气坐禅

"嫩芽初露"——喻茗楼

上揽明月，俯瞰清江——悬空冥思阁

参禅悟道台

傲骨雄风

禅　台

平静如镜，上善若水

（潭影空心）

舟　　脱俗净化

茶禅环境构思

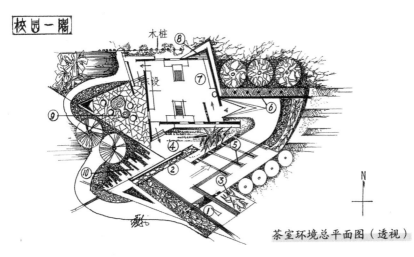

校园一隅

木桩

1-寨门；2-景垣；
3-标识；4-竹庭；
5-序列导向；6-灯柱；
7-茶室；8-角池；
9-闲庭；10-如意

N

茶室环境总平面图（透视）

仿太极，设环路，茶室屋顶坡向侧庭。
茶、禅、道同体同功，异质同构；天、地、人和谐统一，"物色之动，心亦摇焉"，纳天地之灵气，吸四时之精华。

茶禅环境氛围营构示例

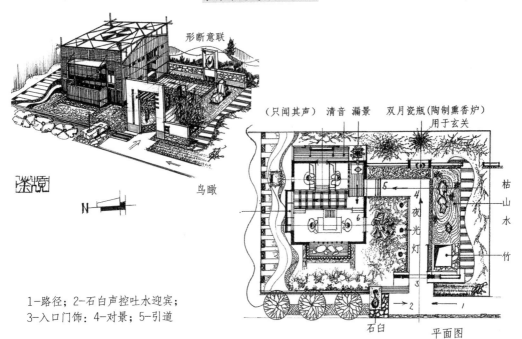

形断意联

茶院

鸟瞰

N

（只闻其声） 清音 漏景 双月瓷瓶(陶制熏香炉)
用于玄关

枯山水竹

夜光灯

石白

平面图

1-路径；2-石白声控吐水迎宾；
3-入口门饰；4-对景；5-引道

内外环境构成示例（禅意道韵）

茶禅环境构思

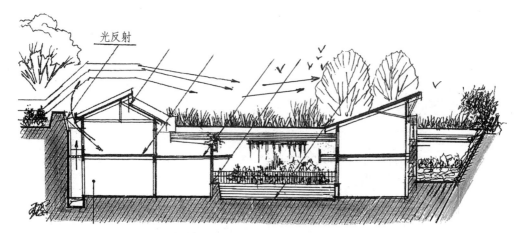

昔日的地坑窑，今日的下沉禅居——土的合理利用

某构想方案

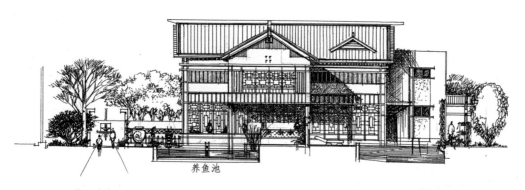

养鱼池

静心养性，气定神闲，大隐于市，世外桃源。

静维轩

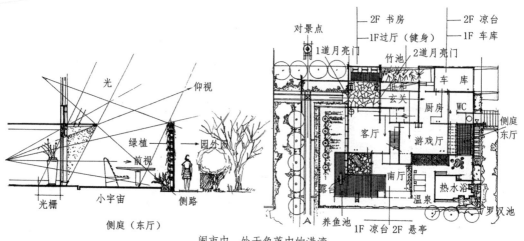

闹市中，处于角落中的港湾

某城市园林方案

禅园小品

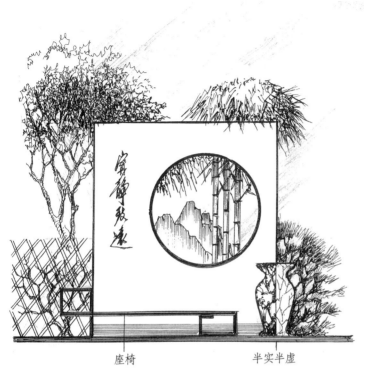

座椅　　　　半实半虚

利用片墙造景，有利于空间之屏蔽，并可通过前置、内涵、后衬、旁缀共同组景，一景多元，复合刺激，用量不大，造价不多，可观可停，还可以借景留影。

明月松间照　清泉石上流

有声有形，有阳有阴，既隔又联。景中有景，园外有园。

16

重赋街巷以活力

借鉴传统，重赋街巷以活力

村园门巷多相似，处处春风枳壳花

记忆

捉蛐蛐、斗蚂蚁、跳皮筋、过家家、打冰嘎；妇女在井台、涝池洗衣裳，老人在门墩旁拉家常；每逢节日扭秧歌、踩旱船，大姑娘围绕货郎担，小伙子嬉闹打麦场，磨坊碾坊透着丰收的喜庆；垒墙盖瓦乡亲互助，鸡鸣犬吠邻里相闻；故事相传不隔夜，红白喜事满村忙。小城多故事，僻乡有真情。

窄街短巷

自然形成的街巷曲折幽深，九曲回肠，目无虚视；柴门半掩、红杏出墙；路有辙、水有沟，夕阳晚照，浮云拂晓。所谓农家乐，皆孕育自耕读传家。

未来的街巷

是城市肌理、风貌的展示窗口，是人与人、人与自然、人与空间场所、人与社会服务联系的纽带，是为旅游者提供异乡风情的艺术长廊，也是人、建筑、环境和谐共生的粘合剂。简·雅各布斯认为，城市的本质不是建筑，而是人，是公共空间，是街道，是人和人之间的互动，是社区与社区的联系……

文化效应

人生活在意义世界之中，讲礼仪、守公德、能自律，构成城市的灵魂与核心价值。有人把城市说成是"一本打开的书"，从中可以通过人的行为看出城市的文化。文化也是一棵生命之树，根深才能叶茂，本固方能枝荣。文脉需要持续传承。

社会效应

也可说成是人的行为效应，包括人人参与、人人共享，公众参与程度，便捷、开放，尽情尽兴、流连忘返，满意度，归属感，再访欲望……

场所效应

当前城市公共空间所欠缺的正是场所效应。

生态效应

广义的生态，包括绿化之外各种要素之间的协调与平衡，如有机性、整体性、生命的活力……

情景效应

如情景步行街。艺术作为一种情感的符号，要注情于景。

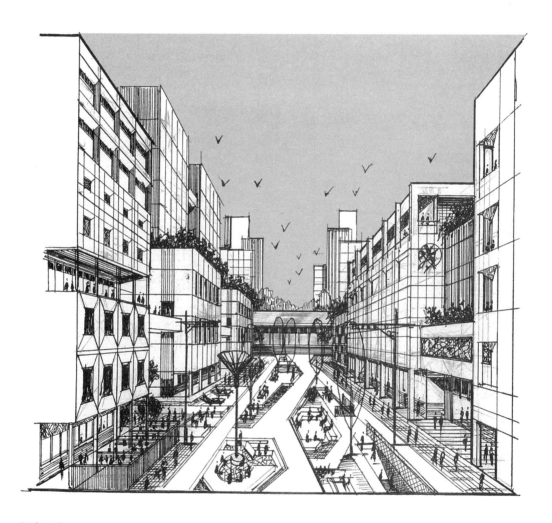

街道风景

宏观层面：围合度（透视度、开口度），开放性、便捷性，肌理、氛围等。

中观层面：结构、节奏、动感、场所性、有机生长性等。

微观层面：家具、小品、标识、导引、灯等。

传统街巷的活力

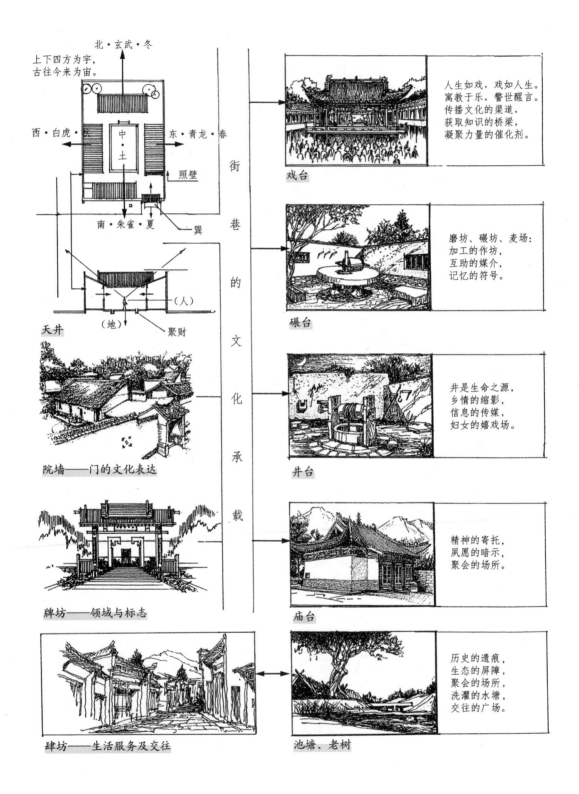

上下四方为宇，
古往今来为宙。

北·玄武·冬

西·白虎·秋　　中·土　　东·青龙·春

照壁

南·朱雀·夏　　巽

天井

（人）

（地）　聚财

院墙——门的文化表达

牌坊——领域与标志

肆坊——生活服务及交往

街巷的文化承载

戏台

人生如戏，戏如人生。
寓教于乐，警世醒言。
传播文化的渠道，
获取知识的桥梁，
凝聚力量的催化剂。

碾台

磨坊、碾坊、麦场：
加工的作坊，
互助的媒介，
记忆的符号。

井台

井是生命之源，
乡情的缩影，
信息的传媒，
妇女的嬉戏场。

庙台

精神的寄托，
凤愿的暗示，
聚会的场所。

池塘、老树

历史的遗痕，
生态的屏障，
聚会的场所，
洗濯的水塘，
交往的广场。

传统街巷营造

记住乡愁·不忘本来

"去年今日此门中，人面桃花相映红，人面不知何处去，桃花依旧笑春风。"（崔护）

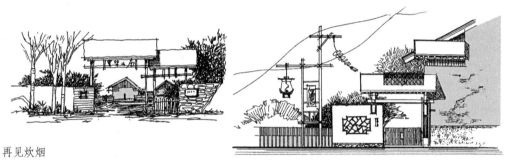

再见炊烟

"借问酒家何处有，牧童遥指杏花村。"（杜牧）

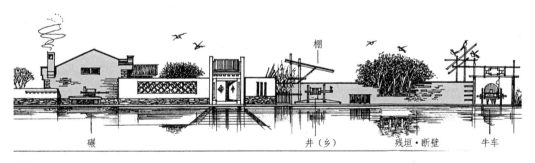

农耕文明的缩影

祖辈居过的地方，曾经发生过的故事，值得珍惜的记忆。

人生活在意义世界之中，既来自于现实，也来自生活的遗痕。往事如烟，稍纵即逝，何不以物再现？城市中留下几处片断，无伤大雅。

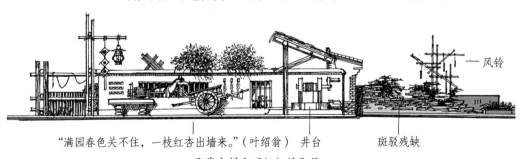

"满园春色关不住，一枝红杏出墙来。"（叶绍翁）　井台　　斑驳残缺

承载农耕文明记忆的街景

17

城市走向花园化

17-1 城市中的花园与花园式城市

待到山花烂漫时，它在丛中笑

狭义的花园

所谓花园，泛指有花草树木，有地被之起伏，可游可玩，可观可赏，有鸟有鱼，有一定范围的专用空间。传统的私家花园更是起居室的外延。公园内除有假山秀水外，还有亭、台、楼、榭、桥、廊、架、屏等庭院小筑。皇家园林除以上内容外还有狩猎场苑。总之，花园主要是用来进行多样性自主活动的场所，大到广阔的范围，小到街头巷尾袖珍式的口袋公园。

花园式社区

一些高档的社区，在建设伊始就以花园化为目标，并已部分实现，一般社区也在积极地绿化与美化，这已是不争的事实。就连广大乡村也在进行美丽乡村建设，更何况城市。

城市绿地

许多城市已达到30%的绿地标准，绿化乃造园之基础，一切园林均以绿化为本，只是当前还存在分布不均的现象，有待进一步改善。

生态廊道

许多城市已经建设了数十公里的绿化步道与生态走廊，除栽植树木外，还兼顾人的休憩活动。

边界绿带

实行街区制后，街区边界已向"三百米见绿，五百米见园"的目标迈进。例如，截至2018年，成都已经建设了63条街道花园。街道是城市的肌理、文化展示的窗口、市民交往的场所和活动的平台。如果城市的主要街道都成为带状的花园，那城市不就成为网状花园了吗？

聚焦街厅

"合抱之木，始于毫末；九尺之台，起于累土"，欲求全城园林化，必须从提升街巷品质入手，先将街巷空间园林化。如果大部分街巷都体现出园林品质，那么全城园林化即可实现。

楷模可鉴

新加坡已成为公认的花园城市。日本东京六本木城市综合体也是旅游目的地，获得世界的称赞。国内的成都、苏州等城市已把建设花园式城市列入日程，指日可待。

未来不是梦

建设金山银山，不如绿水青山。花园化，无非是能把绿色留在城市公共空间，可以休憩、交流、观景、遛宠物，栽种花草，释放情怀，享受艺术的熏陶，进入情感的世界。

17-2   从城市的花园向花园城市转化

　　从城市中的花园走向花园化城市，让中国的城市从生态文明的概念演化为"田园都市"的现实，体现对人民的最大关怀，使全体市民享有实实在在的幸福感，使困守在水泥丛林中的市民，可以从室内走向街头，谈心聊天交朋友，健身娱乐促健康，可以漫步街头晒太阳，观赏街景调整心态，在绿荫覆盖下享受自然的恩惠。跳街舞、逗婴儿、遛宠物，接触自然，融入社会。从而使人与人、人与自然、人与空间、人与艺术、人与社会，在相互关联中提升文化效益、生态效益、场所效益、社会效益。从而真正地使城市充满活力，变得有温度、有故事、有情感，到处充满生机，富有画面感。

　　在伟大潮流推动下，各地纷纷提出"两拆一增"（拆违建、拆围墙，增加绿地）。为便捷安全地共享，提出"三百米见绿，五百米见园"的开发目标，在城市边界的公共空间中营造线性的袖珍公园，而且在较短的时间内已经初见成效。仅在2018年，成都就修建了62条线性公园，北京改造了1141条街巷，西安2020年已确定改造599条老街巷。本书所绘之构想方案，也正是基于这种形势创作的。

　　街道是城市的肌理、血脉，是承载各种功能的载体，实现花园城市，必基于街道边界空间花园化的基础。

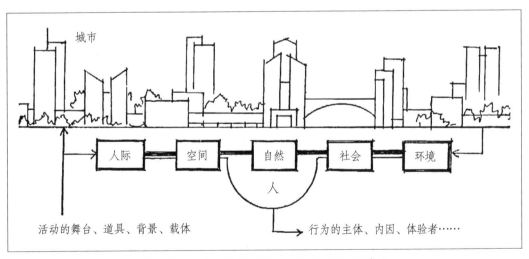

街道中人与各种要素的关联，花园化的构思基础

当前城市现象及应对

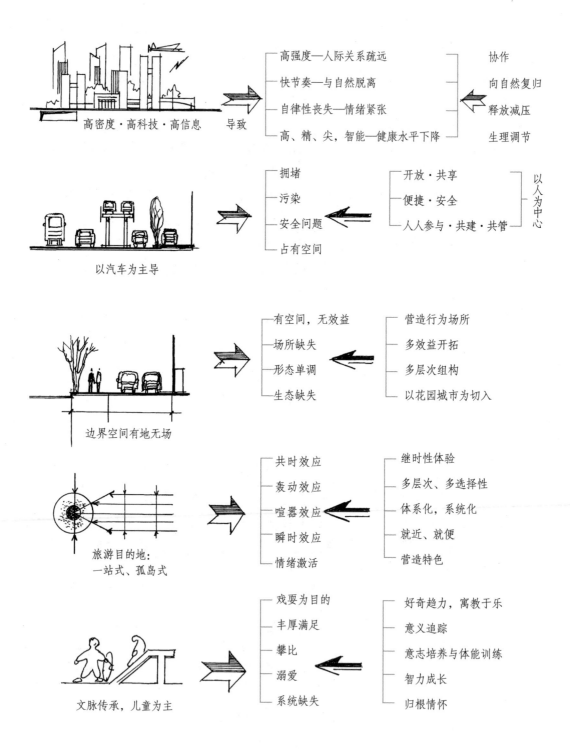

提升多效益的相关措施

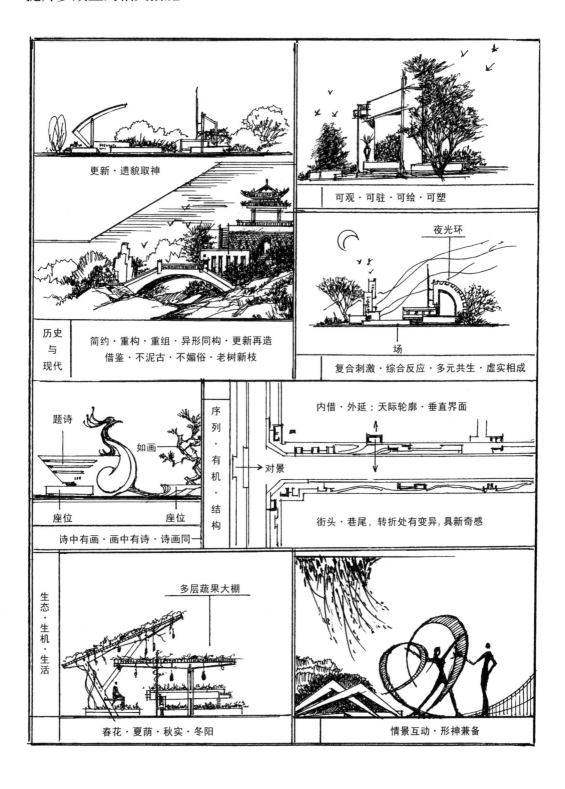

更新·遗貌取神

可观·可驻·可绘·可塑

历史与现代　简约·重构·重组·异形同构·更新再造　借鉴·不泥古·不媚俗·老树新枝

夜光环

场

复合刺激·综合反应·多元共生·虚实相成

题诗　如画

序列·有机·结构

座位　座位

诗中有画·画中有诗·诗画同一

内借·外延：天际轮廓·垂直界面

对景

街头·巷尾，转折处有变异，具新奇感

生态·生机·生活

多层蔬果大棚

春花·夏荫·秋实·冬阳

情景互动·形神兼备

在建成环境中植入场所

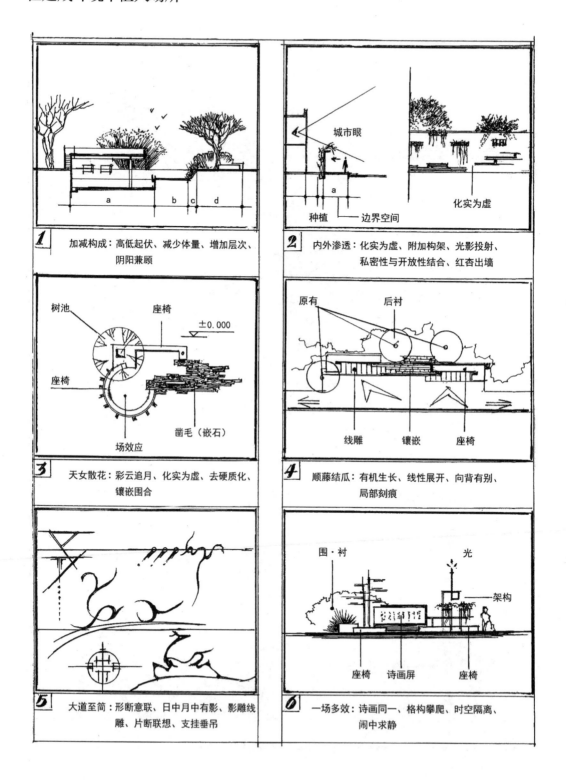

1 加减构成：高低起伏、减少体量、增加层次、阴阳兼顾

2 内外渗透：化实为虚、附加构架、光影投射、私密性与开放性结合、红杏出墙

3 天女散花：彩云追月、化实为虚、去硬质化、镶嵌围合

4 顺藤结瓜：有机生长、线性展开、向背有别、局部刻痕

5 大道至简：形断意联、日中月中有影、影雕线雕、片断联想、支挂垂吊

6 一场多效：诗画同一、格构攀爬、时空隔离、闹中求静

住区边界线性休闲公园

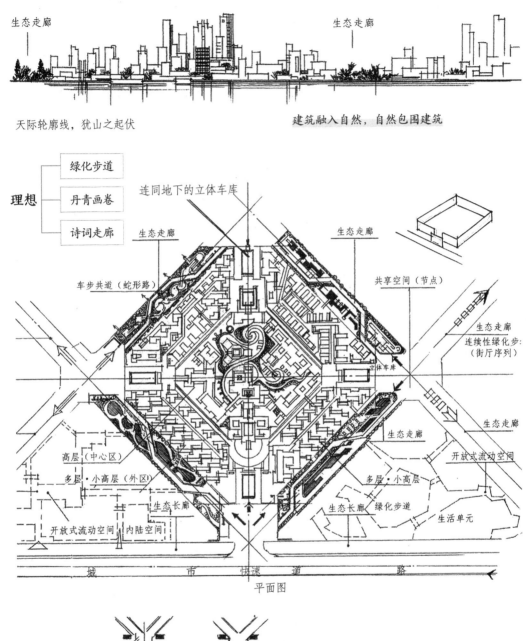

天际轮廓线，犹山之起伏

建筑融入自然，自然包围建筑

平面图

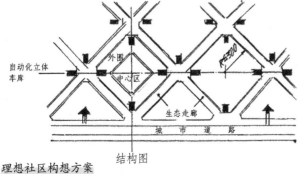

受西宁庄廓建筑启发，绘制于西宁城市整体风格改造方案评审会后。

结构图

理想社区构想方案

街区公园建构原则

城市是属于全体市民的，人人参与建设、治理、享受，人人都有获得权，概莫能外；不同质的方法解决不同质的矛盾，按不同条件分层级处理，体现差异性，而非可有可无；街区花园是实现花园城市的基础，而且便捷、就近，时时可以利用；广交朋友，增强社会凝聚力。

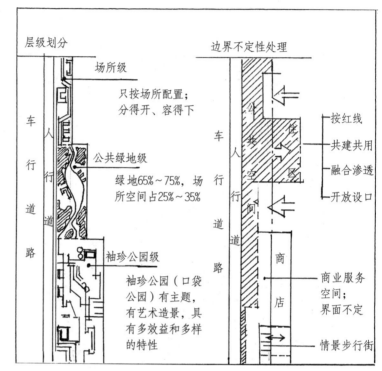

层级划分

场所级
只按场所配置；
分得开、容得下

公共绿地级
绿地65%~75%，场所空间占25%~35%

袖珍公园级
袖珍公园（口袋公园）有主题，有艺术造景，具有多效益和多样的特性

边界不定性处理

按红线
共建共用
融合渗透
开放设口

商业服务空间；界面不定

情景步行街

按层级、按性质开展边界空间的改造更新，实现花园城市。

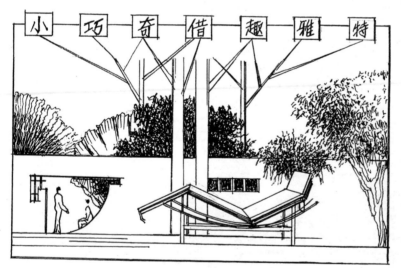

小 巧 奇 借 趣 雅 特

街边袖珍公园是防止同质化、程式化、简单化的举措。

建园举措：

避免重复，同质化，坚持一园一主题；小园小尺度，多情趣，温馨自然；删繁就简，简而不单；体现多效益，人与空间、自然、社会相和谐；与城市整体风貌相协调。

街区公园建构原则

 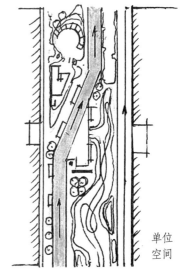

单位空间

限速限量单行线，有利于活化、有效地利用生态公园，直视前方时，总有对景在前，目无虚视。这在日本、法国是一种常见的形式。

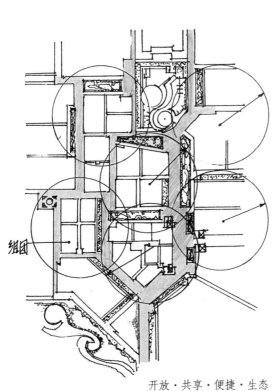 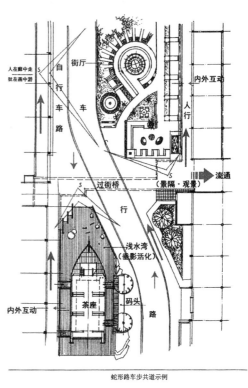

蛇形路车步共道示例

组团

开放·共享·便捷·生态
田园·窄街·密路·步行

改变平直的街道肌理，使街巷空间更富有活力，正如简·雅各布斯所说："街道必须短小，行人在转弯处有新鲜感。"

街区公园

多效益、多层次、多风采。

为居民提供聊天交友的场所，可以"照顾孩子看风景，活动四肢健身体，群体跳舞享快乐，欣赏城市看发展，享受服务更方便"，是设在住区外的起居室。

它是镶嵌在城市中的项链，是承载诗情画意的长卷，是国富民强的标志，是"绿水青山"的形象性诠释，也是独树一帜的伟大创举。公园虽小，意义颇大，效益极多。

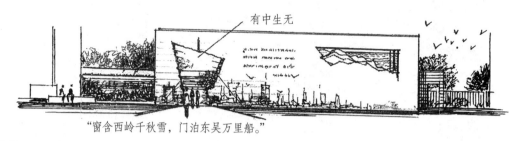

有中生无

"窗含西岭千秋雪，门泊东吴万里船。"

景壁——入诗入画

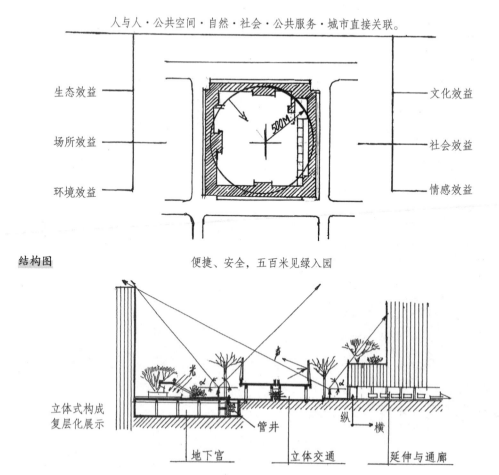

人与人·公共空间·自然·社会·公共服务·城市直接关联。

生态效益 ——　　　　　　　　　　—— 文化效益

场所效益 ——　　　500M　　　　—— 社会效益

环境效益 ——　　　　　　　　　　—— 情感效益

结构图　　　便捷、安全，五百米见绿入园

立体式构成
复层化展示　　　　　　　　管井　　　纵　横

地下宫　　　立体交通　　　延伸与通廊

剖面示意图

街区公园

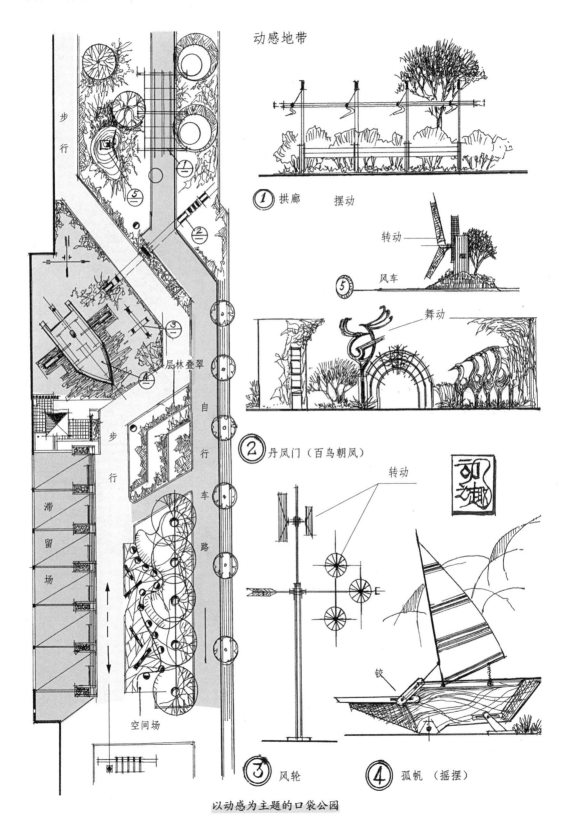

动感地带

① 拱廊　摆动

⑤ 转动　风车

舞动

② 丹凤门（百鸟朝凤）　转动

③ 风轮　④ 孤帆（摇摆）　铰

步行　步行　步行

自行车路

层林叠翠

滞留场

空间场

以动感为主题的口袋公园

街区公园

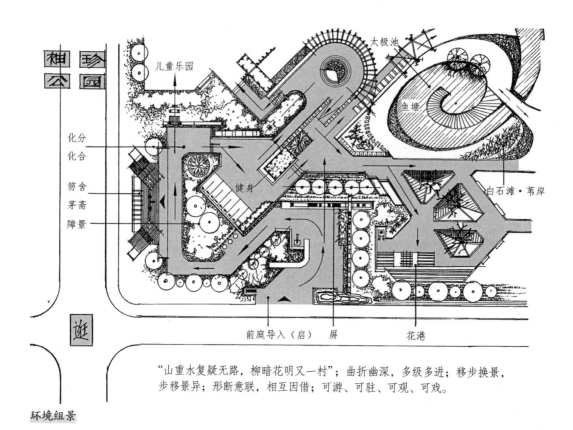

神珍公园

逛

儿童乐园
太极池
鱼塘
化分
化合
筠舍
茅斋
障景
健身
白石滩·苇岸
前庭导入（启）屏
花港

"山重水复疑无路，柳暗花明又一村"；曲折幽深，多级多进；移步换景，步移景异；形断意联，相互因借；可游、可驻、可观、可戏。

环境组景

景隔（长向短分、节律性变化）
单元式组合（诗画屏配家具）
边界空间（确定与不确定）
空间场
太极广场（公共活动区）
树阵
功能性空间
（文化、茶饮、书画）
山水园（模拟自然山水）
景隔（山石）
视觉单元

城市中的公园：

它没有固定边界，所以更开放。它就在街之头、巷之尾，所以更便捷，人尽其利、其尽其用，既可停、又可行，投资少、见效快，具有"普遍性"的特点，有利于诗意表达，更符合情景再现，人人参与、人人管治、人人平等享有。

开放式带形公园

街区公园

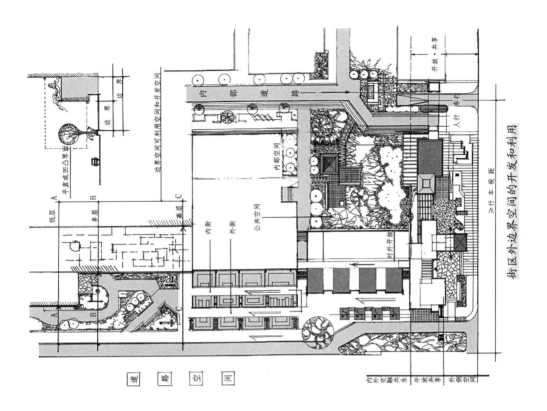

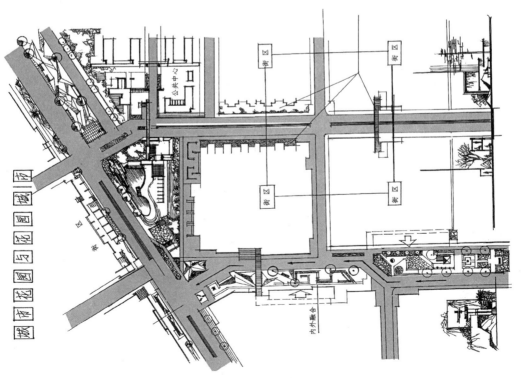

街区公园

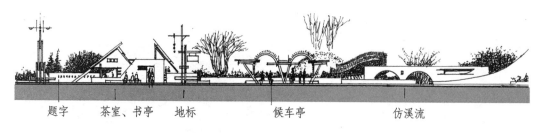

题字　　茶室、书亭　　地标　　候车亭　　仿溪流

邂逅街厅

采用网格装饰构架点缀街侧空间，入夜辅以微灯光，亮化街景。十二生肖造型采用网线雕饰，亦有光色显示，下部设点击板，展示造访者排序，以彰显趣味参与。

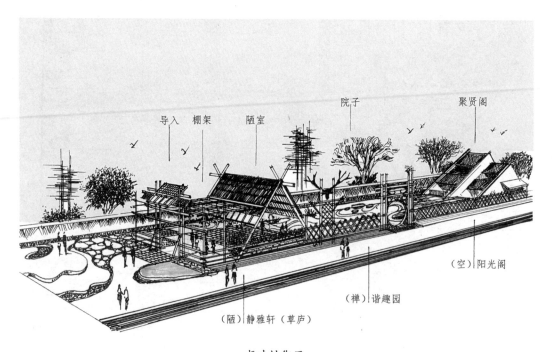

导入　棚架　陋室　　　　　院子　　　　聚贤阁

（空）阳光阁

（禅）谐趣园

（陋）静雅轩（草庐）

趣味性街厅

街区公园

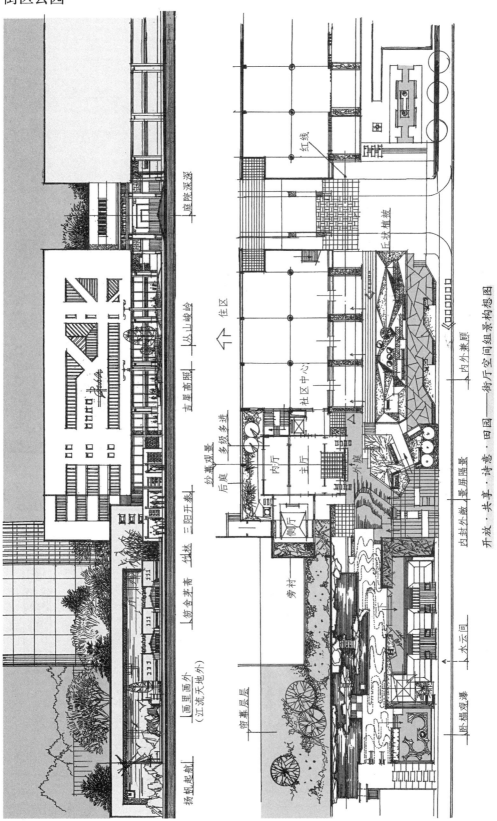

街厅空间组景构想图

街区公园

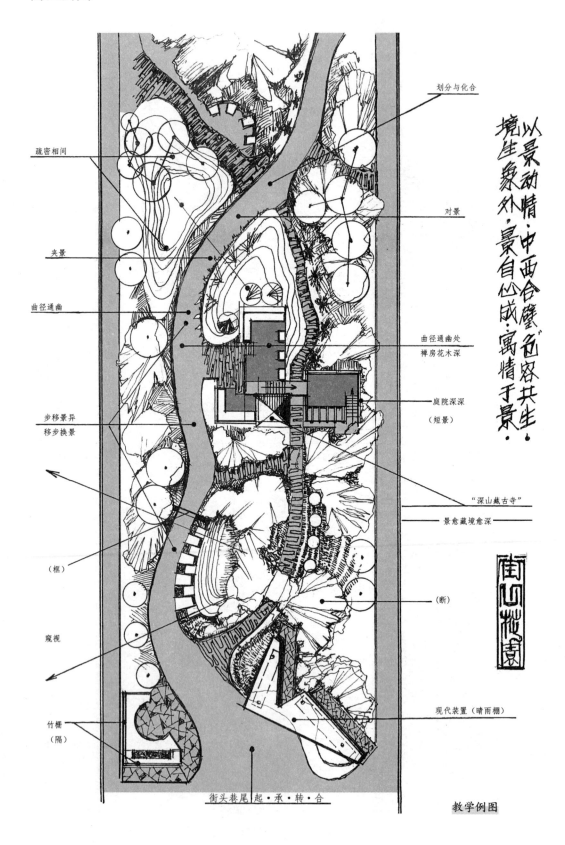

划分与化合

疏密相间

对景

夹景

曲径通幽

曲径通幽处
禅房花木深

庭院深深

（短景）

步移景异
移步换景

以景动情·中西合璧·兼容共生·
境生象外·景自心成·寓情于景·

"深山藏古寺"

景愈藏境愈深

（框）

窥视

（断）

竹棚
（隔）

现代装置（晴雨棚）

街头巷尾起·承·转·合

教学例图

街区公园

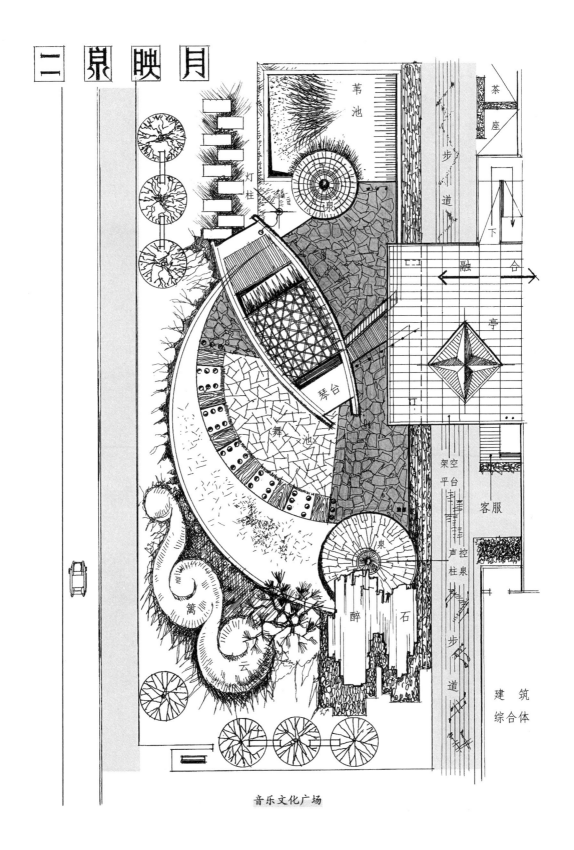

音乐文化广场

街区公园

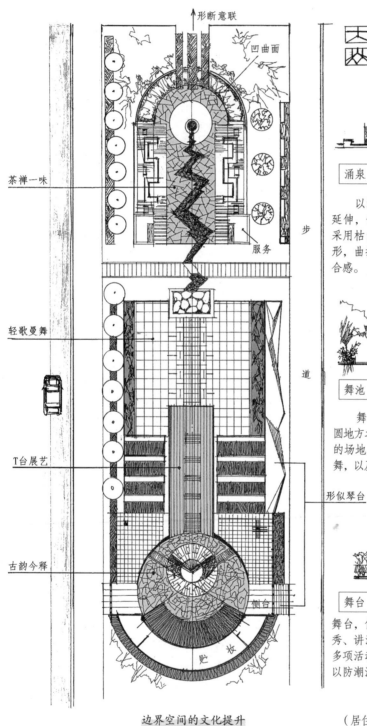

边界空间的文化提升

涌泉

以涌泉为端景，以绿篱为后衬和延伸，体现形断意联（不尽之尽），采用枯山水表现禅境，茶座采用弓齐形，曲折幽深，用藤架遮阳并增强围合感。

舞池

舞池，取方形，与舞台之圆有天圆地方之寓意，平时可以兼作轮滑玩耍的场地，有音乐放送时可以用作广场舞，以及儿童嬉戏场所和妇女聚会地。

舞台，供音乐、商业信息发布、时装秀、讲演、朗读、聚会、婚庆仪式等多项活动，台面高出地面200～500mm，以防潮湿。

（居住密集区的百姓活动舞台）

街区公园

仿传统造园手法，层层跌落，植物选取松、竹、梅，配早春樱花，园景高低错落、相互咬合、虚实相间、相互借对，在喧闹的市井中打造一处世外桃源。设有四处相对独立的场所，可供打牌、下棋、聊天、纳凉、观景、约会、阅读、展示等，也可闹中求静。空间场与空间流完全按序列展开，多级多进，形断意联、目无虚视，亦有小中见大的层次感。

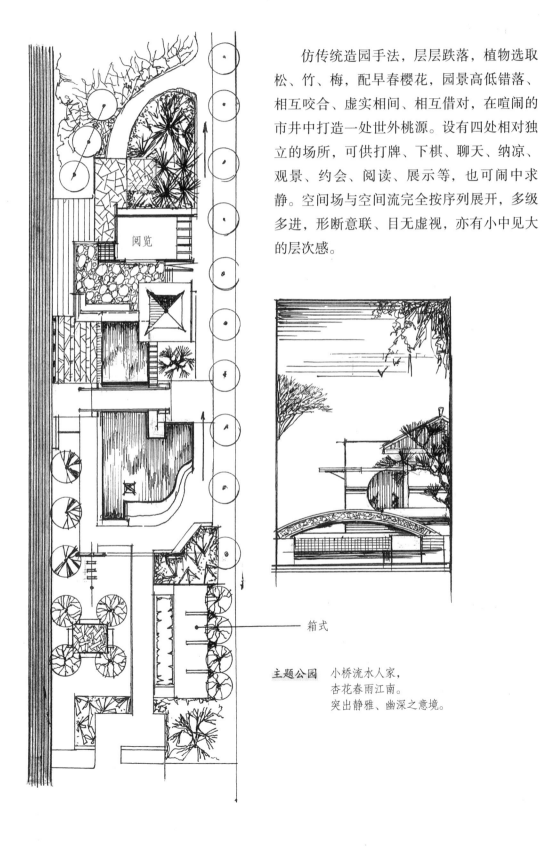

阅览

箱式

主题公园 小桥流水人家，
杏花春雨江南。
突出静雅、幽深之意境。

街区公园

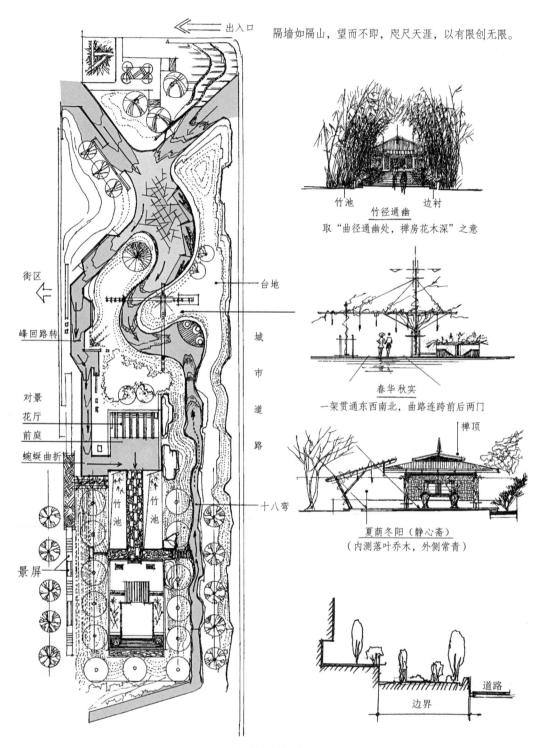

隔墙如隔山，望而不即，咫尺天涯，以有限创无限。

出入口

街区

峰回路转

对景
花厅
前庭
蜿蜒曲折

景屏

台地

城市道路

十八弯

竹径通幽
取"曲径通幽处，禅房花木深"之意

竹池　　边衬

春华秋实
一架贯通东西南北，曲路连跨前后两门

禅顶

夏荫冬阳（静心斋）
（内测落叶乔木，外侧常青）

边界

道路

台地空间组景

"山重水复疑无路，柳暗花明又一村。"

街区公园

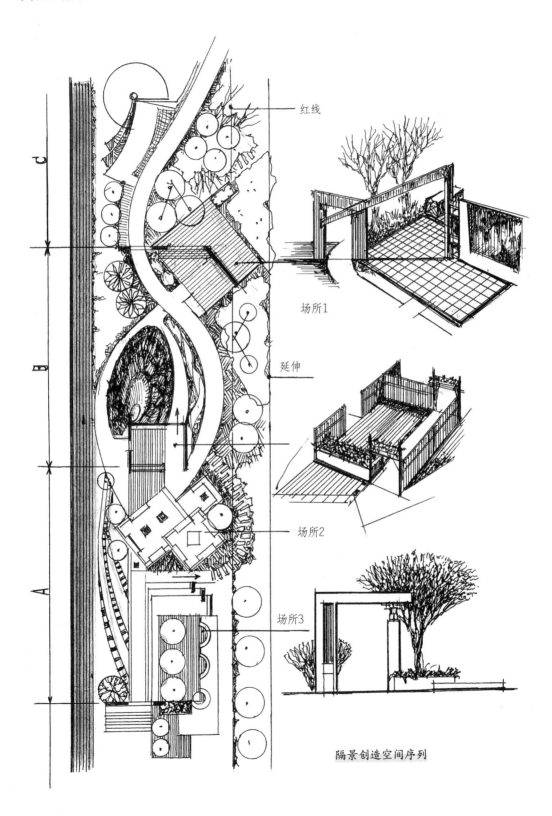

红线

场所1

延伸

场所2

场所3

隔景创造空间序列

街区公园

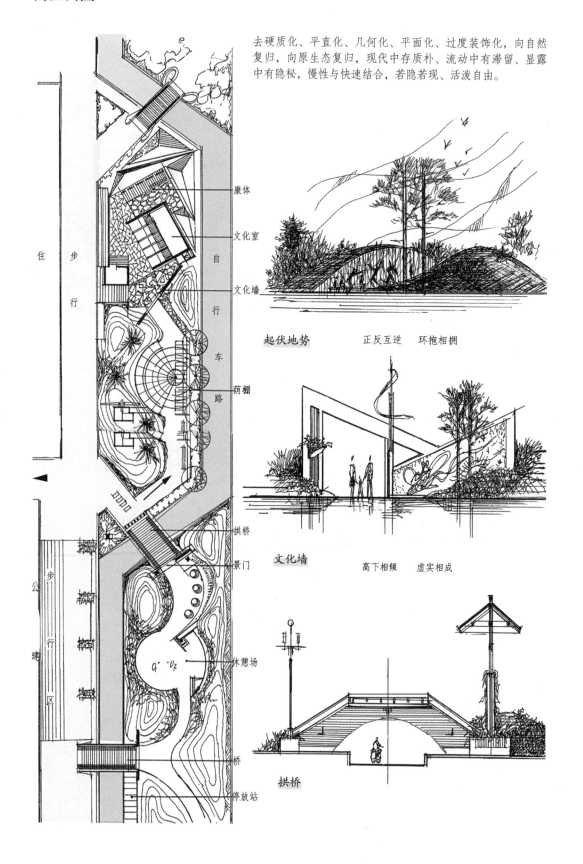

去硬质化、平直化、几何化、平面化、过度装饰化，向自然复归，向原生态复归，现代中存质朴、流动中有滞留、显露中有隐秘，慢性与快速结合，若隐若现、活泼自由。

康体

文化室

文化墙

荫棚

拱桥

景门

休憩场

桥

停放站

住　步　行

自　行　车　路

公　建　区

步　行　区

起伏地势　　正反互逆　环抱相拥

文化墙　　高下相倾　虚实相成

拱桥

街区公园

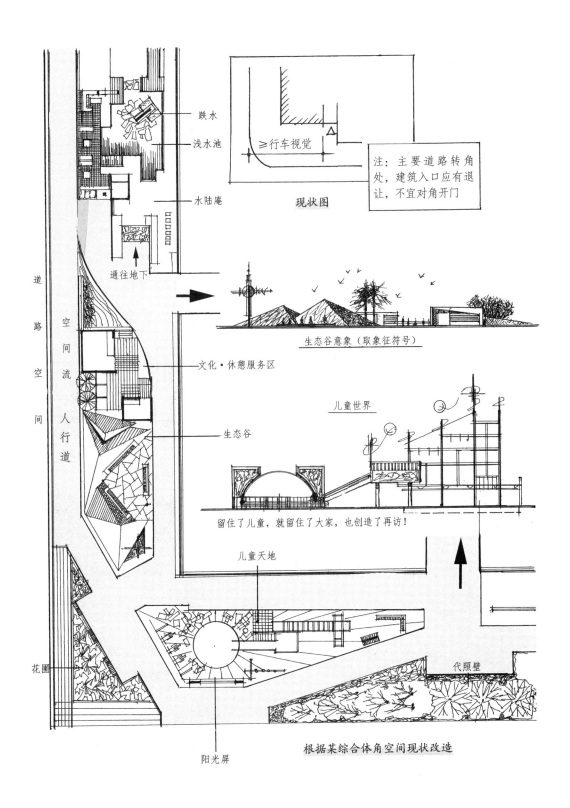

跌水

浅水池

水陆庵

≥行车视觉

现状图

注：主要道路转角处，建筑入口应有退让，不宜对角开门

通往地下

道路空间

空间流人行道

生态谷意象（取象征符号）

文化·休憩服务区

儿童世界

生态谷

留住了儿童，就留住了大家，也创造了再访！

儿童天地

花画

代照壁

阳光屏

根据某综合体角空间现状改造

街区公园

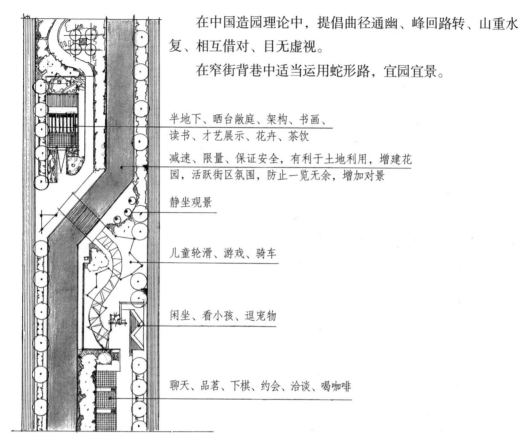

在中国造园理论中，提倡曲径通幽、峰回路转、山重水复、相互借对、目无虚视。

在窄街背巷中适当运用蛇形路，宜园宜景。

半地下、晒台敞庭、架构、书画、读书、才艺展示、花卉、茶饮

减速、限量、保证安全，有利于土地利用，增建花园，活跃街区氛围，防止一览无余，增加对景

静坐观景

儿童轮滑、游戏、骑车

闲坐、看小孩、逗宠物

聊天、品茗、下棋、约会、洽谈、喝咖啡

蛇形路与街厅布置构想

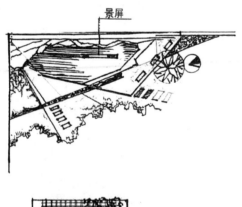

景屏

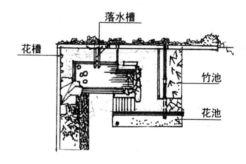

落水槽

花槽

竹池

花池

微空间的营构一

利用边角地带创造"小宇宙、大文章"之构想

微空间的营构二

街边即景

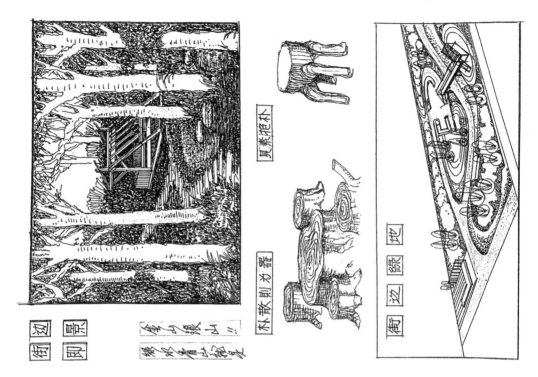

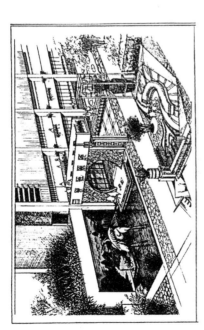

复层式休闲厅

街厅隔屏

"小院回廊春寂静，洞天之内藏乾坤；
庭院深深几许？幕帘重重无穷尽。"

亭亭玉立　　　　藤蔓

街景一

明心见性，气定神闲

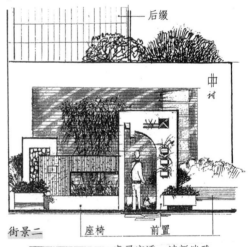

街景二　　座椅　　前置

虚灵空透，清新淡雅

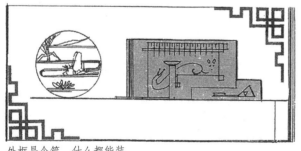

外框是个筐，什么都能装

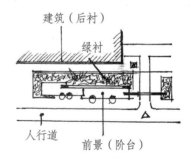

景屏——空间的导演

塑形造景

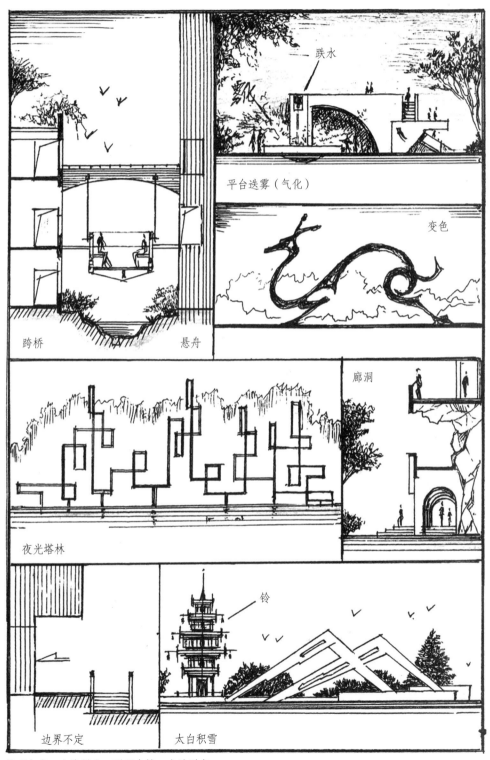

景不在多，有境则佳；形不在繁，有神则奇

传统与现代融合，继承与创新并举

植物与围墙的关系

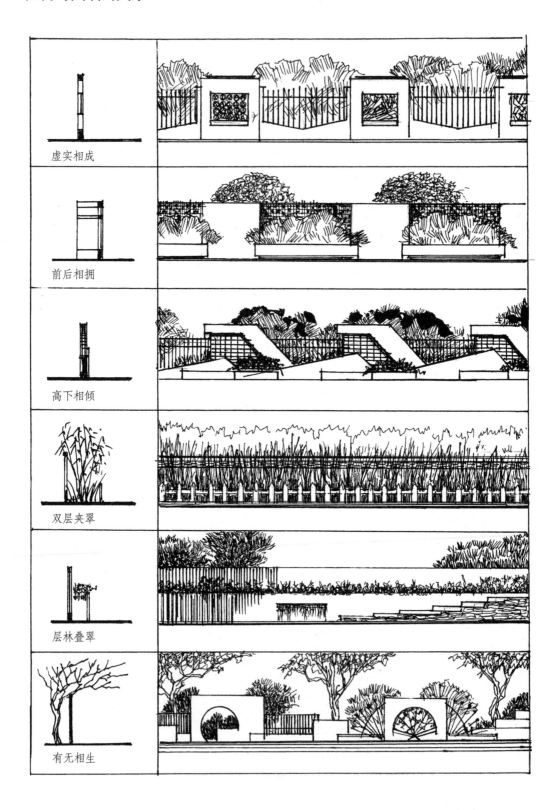

虚实相成

前后相拥

高下相倾

双层夹翠

层林叠翠

有无相生

候车亭

　　候车亭，既是候车点，也是路人的休息地，又是城市的一道风景，宜将交往性、艺术性、导示性融为一体，不只是安排座椅，是否可将地标、记忆纳入其中？

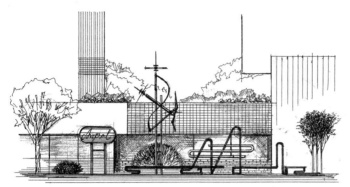

座椅的色彩造型，转动的风轮，为环境增加了动感与情趣，也留下了时代的印记。人是城市的主人，城市因人而有了生机与活力。

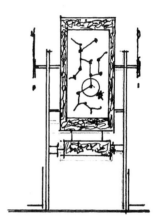

路引：标明你现在的位置，以及与周边景点的距离。

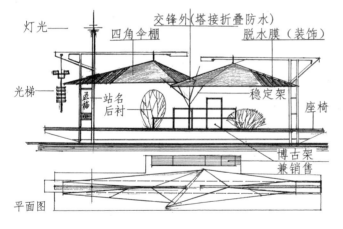

灯光——
光梯——
四角伞棚
交锋外(塔接折叠防水)
脱水膜（装饰）
站名后衬
稳定架
座椅
博古架兼销售
平面图

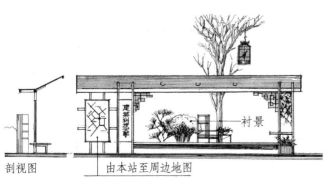

剖视图
由本站至周边地图
衬景

可以是一首诗，或者一幅画，为城市增添一种艺术氛围。

创意候车亭

菜园花园化——生活的场景，田园都市的一道特殊风景

蔬菜、花卉的种植，不是简单意义的农业回归。它承载着城市的记忆，不忘乡愁，回归自然。它是园艺的组成部分，具有形、香、色味的品质；引种、改良、栽培、嫁接也需要匠心独运。它可以展现无公害、纯天然的生态理念，可以通报四时节气，可以招来彩蝶纷飞、蜜蜂采蜜；为城市增添一抹田园风光，也为市民增添餐桌上的美味。不妨一试。

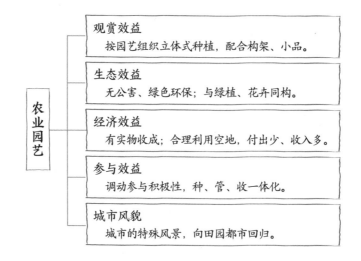

园林组景的特例

18

营造精神家园

由物质家园、生态家园向精神家园、诗景栖居转化

人，诗意地栖居——海德格尔

传统民居：以间为单位，以院为中心，进深多进，面南为尊，长幼有序，子承父业，耕读为本。一家头顶一片天，一家一世界，一院一宇宙，见闻不出乡里，交往止于四邻，比较封闭。街巷串联各家各户，日出而作，日落为息。挂锄时则相聚街头，休息娱乐，嬉戏打斗，逢节则庆，有会则赴。井台、庙台、戏台、作坊、麦场常是信息文化的交流地。由于空间沿平层展开，人际交往便捷，凡有红白喜事和营造皆共办共建。

现代民居：进入高层建筑之后，居室封闭内向，独门独户，没有公共的院落相连，居民只能在楼、电梯中相遇，机缘有限，且无业缘、亲缘关系。人被限定在自家的厅室，建筑成为囚禁人际关系的躯壳，完全陷入物质家园的局限。

公共空间扩展：公共空间是联系人际关系的纽带，是增进公共交往的桥梁，也是信息交流的渠道，通过开放共享，为居民提供健身、聊天、互助交流的机遇。所以，营造邻里生活单元，园厅极其必要。

文化注入：居住社区，当以慢节奏、富有生活气息的环境艺术为主，如能用诗情画意来点缀环境最好。标识应醒目，路引应明确，小品应富有寓意与情趣，环境充满生活气息与浪漫，如能用纹饰、画作、艺术照明来点缀则更好。

广义的生态：不仅单指绿化，还包括鸟语花香、阳光雨露、人的生命活力、环境的整体氛围、环境的品质，也不仅是建筑的外观、铺地，还有人与人、人与环境的和谐。

心灵的故乡：家是生命的原点，也是一切行为的出发地，情感的归宿，任何行为场所均无法替代。家融会亲情、爱情、恩情、激情、闲情，也凝聚着乡愁，刻满了生活的遗痕，赋予人生以意义。所谓的诗意，无非是以诗言志，以词缘情，生活在随心、随意的环境之中而已。树高千尺，落叶归根。

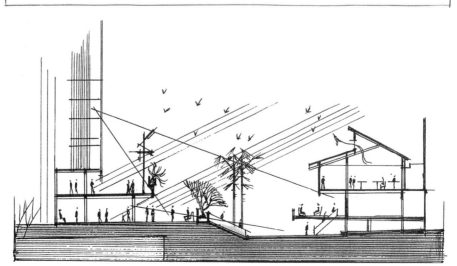

空间的合理利用

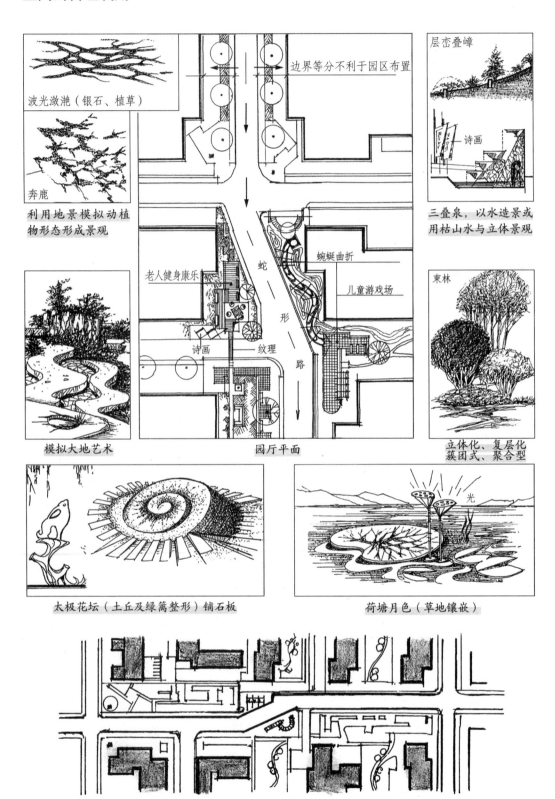

波光潋滟（银石、植草）

奔鹿

利用地景模拟动植物形态形成景观

边界等分不利于园区布置

层峦叠嶂

诗画

三叠泉，以水造景或用枯山水与立体景观

模拟大地艺术

老人健身康乐

诗画　纹理

蛇形路

蜿蜒曲折

儿童游戏场

园厅平面

束林

立体化、复层化、簇团式、聚合型

太极花坛（土丘及绿篱整形）铺石板

光

荷塘月色（草地镶嵌）

采用蛇形路开拓路边花园

社区花园

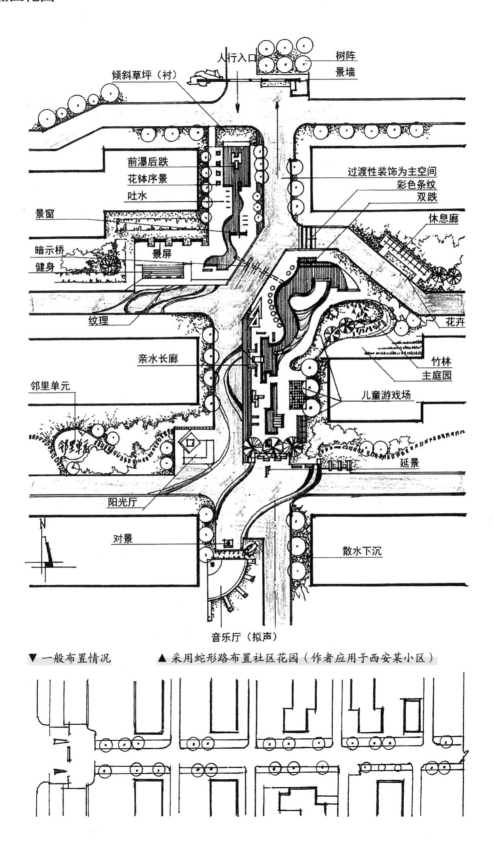

人行入口

倾斜草坪（衬）

树阵
景墙

前瀑后跌
花钵序景
吐水

过渡性装饰为主空间
彩色条纹
双跌

景窗

休息廊

暗示桥
健身

景屏

花卉

纹理

竹林
主庭园

亲水长廊

儿童游戏场

邻里单元

邻里新

延景

阳光厅

N

对景

散水下沉

音乐厅（拟声）

▼ 一般布置情况   ▲ 采用蛇形路布置社区花园（作者应用于西安某小区）

社区花园

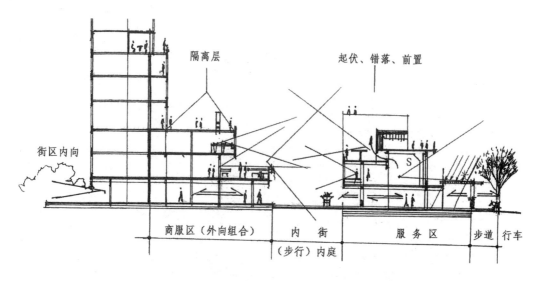

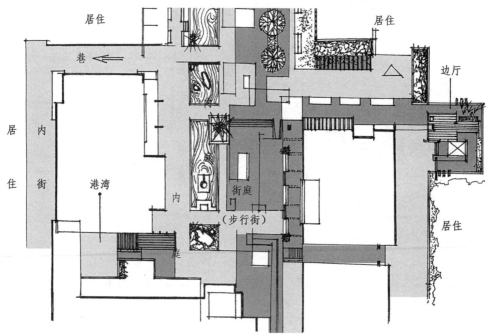

镶嵌在住区内部的公共活动空间（原型来自成都，实例改绘）
使用效果与上海新天地颇为相似。

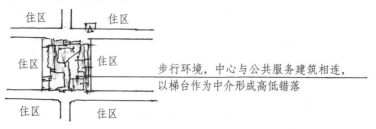

步行环境，中心与公共服务建筑相连，
以梯台作为中介形成高低错落

社区花园

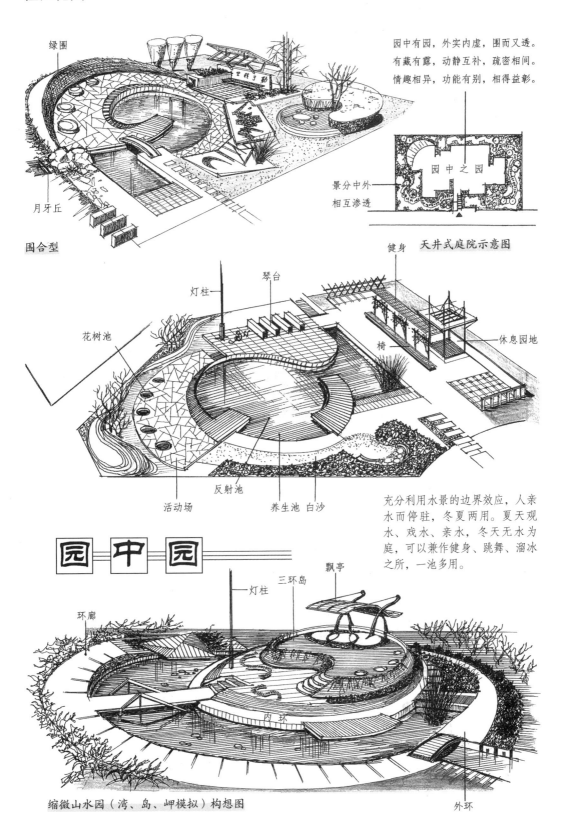

绿围

月牙丘

围合型

园中有园，外实内虚，围而又透。
有藏有露，动静互补，疏密相间。
情趣相异，功能有别，相得益彰。

景分中外
相互渗透

园中之园

天井式庭院示意图

灯柱

琴台

健身

花树池

椅

休息园地

反射池

活动场

养生池　白沙

充分利用水景的边界效应，人亲
水而停驻，冬夏两用。夏天观
水、戏水、亲水，冬天无水为
庭，可以兼作健身、跳舞、溜冰
之所，一池多用。

园中园

灯柱

三环岛

飘亭

环廊

内环

缩微山水园（湾、岛、岬模拟）构想图

外环

社区花园

去纯几何化，去硬质化，去过分装饰化，去绝对对称化，去无场化。

规则性与灵活性相统一，几何形与自然形相结合，中西合璧，主次相连。

关系元素应用：互连、反转、层叠、借对、相倾、断续、主次、动静、呼应、结构、秩序、环境、生态、景观与社会效应。

场效应：地尽其用，各得其所；具神、气、意、韵；有分有合，有聚有散；整体和谐；可视、可赏、可行、可驻、共享、流连。

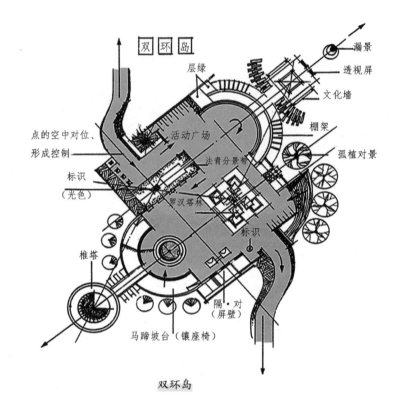

双环岛

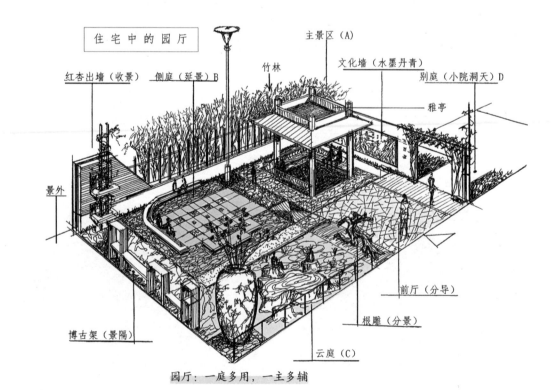

园厅：一庭多用，一主多辅

社区花园

不同兴趣群、不同需求、不同的场所、不同的环境组景、不同的社会效应
——半亩园与地下车库上部屋顶花园的设计。

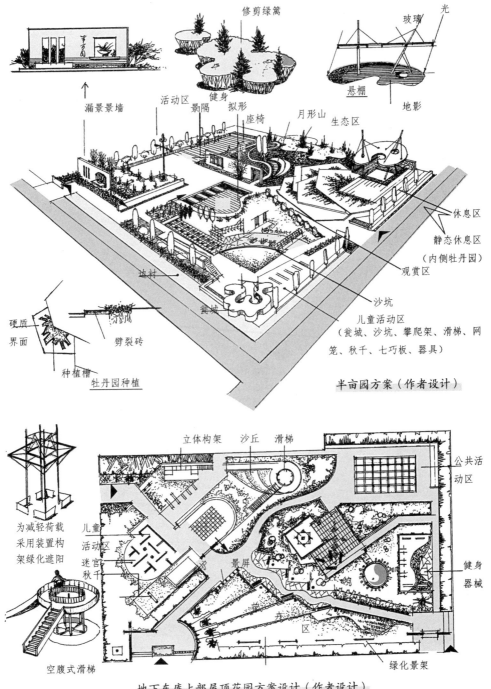

半亩园方案（作者设计）

地下车库上部屋顶花园方案设计（作者设计）

19

立体化街区

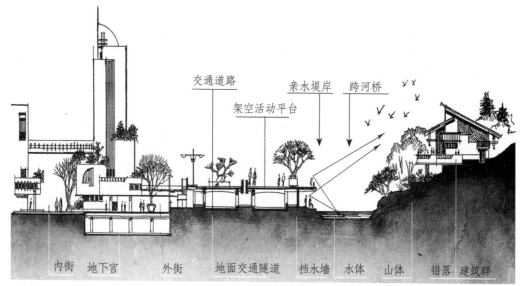

交通道路

亲水堤岸 跨河桥

架空活动平台

内街 地下宫   外街   地面交通隧道 挡水墙 水体 山体   错落 建筑群

四川绵阳"小外滩",拥有绵延两千多米的架空休闲平台、宽大的水域、承载休憩游赏的水岸,连接两岸的
跨河桥横架南北,南侧邻接城市广场,终日游客不断。

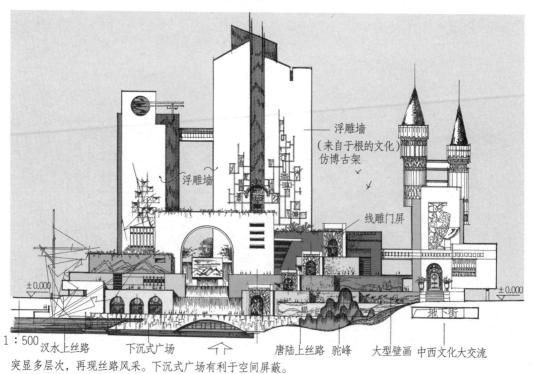

浮雕墙
(来自于根的文化)
仿博古架

浮雕墙

线雕门屏

±0.000

±0.000

地下街

1:500   汉水上丝路   下沉式广场   唐陆上丝路 驼峰   大型壁画 中西文化大交流

突显多层次,再现丝路风采。下沉式广场有利于空间屏蔽。

集约化"场"效应(时空剥离)

立体化街区

底层架空，上层突出，四合院上楼，高层后退

鸟瞰图

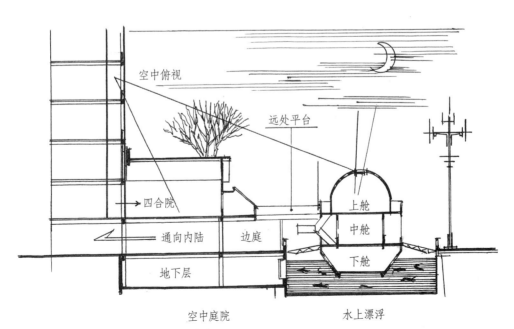

水陆两用，内外结合，高下兼顾，立体构成

剖视图

立体化街区

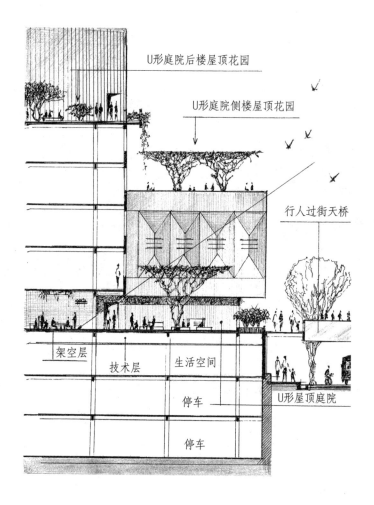

U形庭院后楼屋顶花园

U形庭院侧楼屋顶花园

行人过街天桥

架空层

技术层   生活空间

停车

停车

U形屋顶庭院

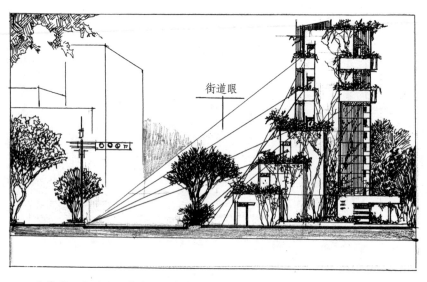

街道眼

立体式·复层化·多庭园·生态家园

立体化街区

旷中奥，别有洞天

下沉小院鸟瞰图

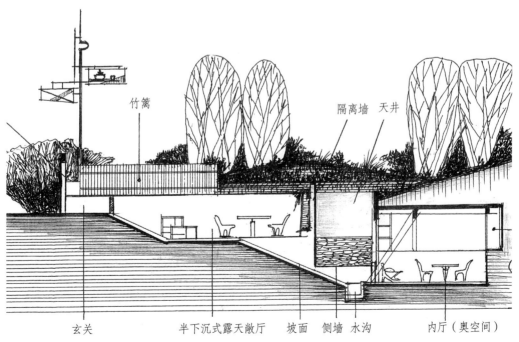

剖视图

立体化街区

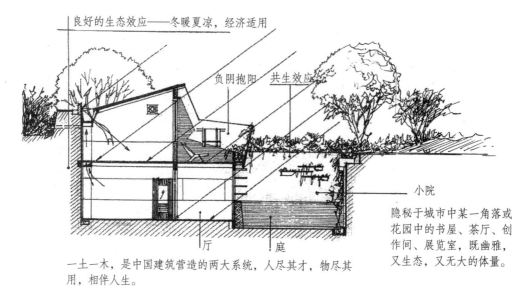

良好的生态效应——冬暖夏凉，经济适用

负阴抱阳　　共生效应

小院

隐秘于城市中某一角落或花园中的书屋、茶厅、创作间、展览室，既幽雅，又生态，又无大的体量。

厅　　　　庭

一土一木，是中国建筑营造的两大系统，人尽其才，物尽其用，相伴人生。

下沉庭院

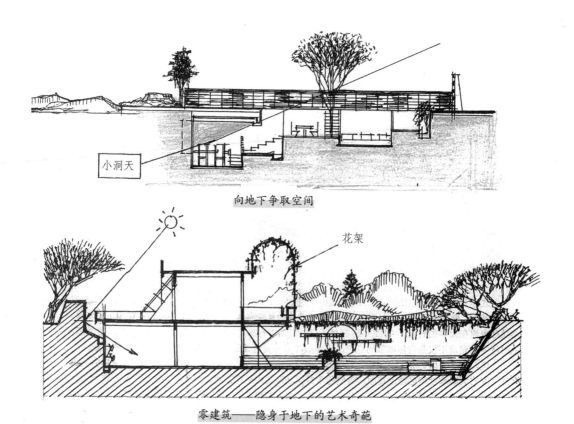

小洞天

向地下争取空间

花架

零建筑——隐身于地下的艺术奇葩

立体化街区

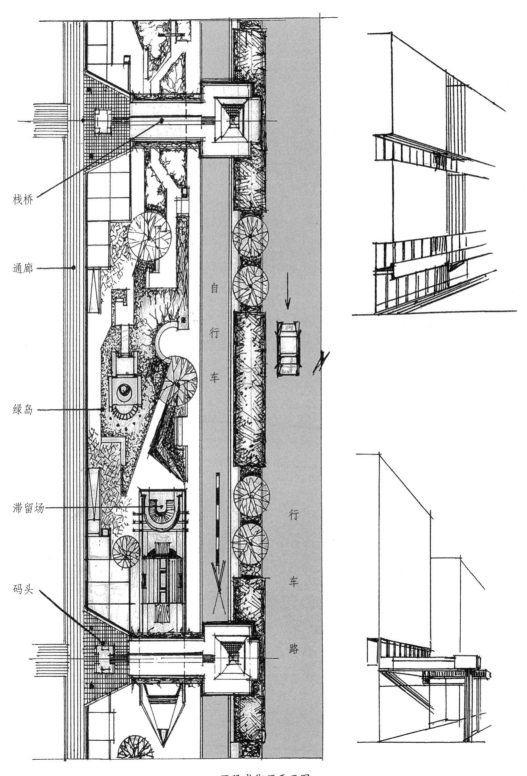

栈桥

通廊

绿岛

滞留场

码头

区段式街厅平面图

立体化街区

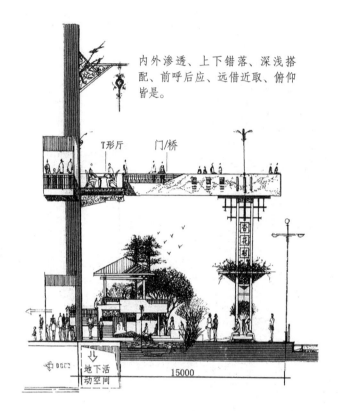

内外渗透、上下错落、深浅搭配、前呼后应、远借近取、俯仰皆是。

T形厅　门/桥

杏花村

↓ 地下活动空间

15000

景不在繁，接地则活；空间不在多，有容乃大；物以稀为贵，景以奇取胜。造园重在造景生情，发挥场所效应，合理地组织空间场和空间流线，提供可观、可游、可交流、可休憩的相应设施。"场"是具有诱发力的行为发生地。没有梧桐树，引不得凤凰来，也就是说，场所的营构要满足求新、求便、求异、求好的需求，具有唯一性、独创性、多样性、多层次性、可再访性等特点。

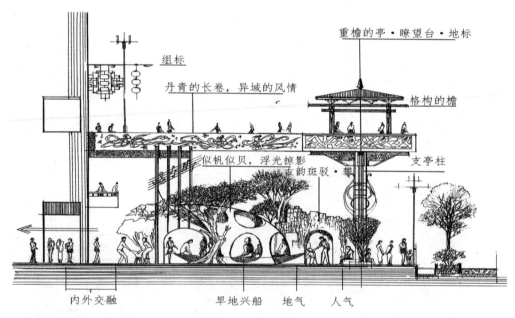

重檐的亭•瞭望台•地标

组标

丹青的长卷，异域的风情

格构的檐

似帆似贝，浮光掠影古韵斑驳•攀

支亭柱

内外交融　　旱地兴船　地气　人气

集约型簇团式立体街边公园构想

立体化街区

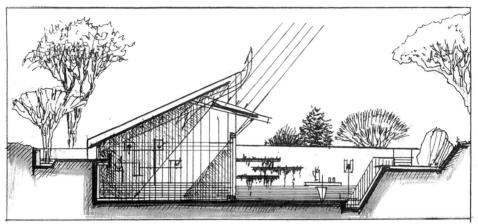

下沉

起伏

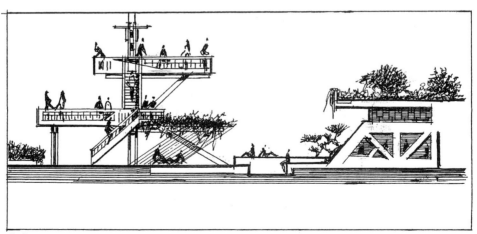

抬升

立体式街厅示意

20

特色街区营构

20-1   营造线性水街，增加城市特色

缺少水源的内地城市，市民只能在公园中接触到水景，平时难以与水相亲。个别楼盘出于炒作，常以水命名，住区内的小型水域由于缺少水源、滋生蚊蝇，不能及时更换等原因，有名无实，形同虚设。城市水体大多在城市边缘，距离住区较远，实际上也是远水不解近渴，而且耗水量极大。据统计，西安地区为补偿蒸发与渗透，日消耗水量夏季130万立方米，冬季120万立方米，仅从黑河调运的中水，每天就有90万立方米，然而仍然是有水不见水。不妨大胆地设想，如能将住区中的水体停用，距住区过远的死水缩小，利用一部分贮存的雨水、海绵水和水源分流，集中地在城市中心区打造几条水街，并将公共游乐和文化、商业、民宿等设施布置在周边，对市民不是既便捷又舒适的好事吗？以西安为例，每年有数百万人驱车去百十公里周至县去体验水街风情，为何不能在千万人口城市的社区建设一、二条水街呢？所以，作者绘制了水润街区的图式，以及在水系周边打造湾、岛、岬、屿等的构想。

人与水的接触大多在岸线周边，从眼入到身入、心入、神入，尽情尽兴，所以以岸线的构形和设施安置是十分必要的。例如美国芝加哥黄金海岸，不仅是岸线游览的胜地，也是高空俯瞰的迷人景色。

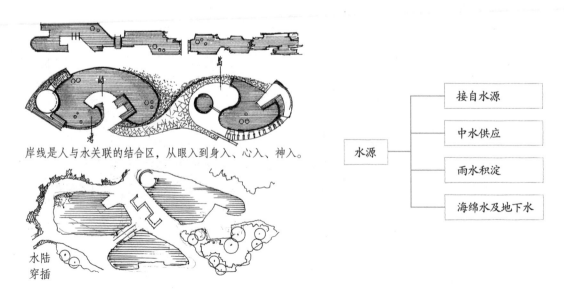

岸线是人与水关联的结合区，从眼入到身入、心入、神入。

水陆穿插

水源 —— 接自水源 / 中水供应 / 雨水积淀 / 海绵水及地下水

　　作者更设想将其与街区制结合，进行了以下方案构思，即街区位于公共中心外围，用密路网与之相连，形成内静外动的"三百米见绿，五百米见园"格局。利用分隔、串并、多级多进、融合、渗透、重叠、虚实、悬伸、架空、穿插、过渡、有无相生、模拟、疏密相间等不同手法，使环境组景呈现一种"山重水复疑无路，柳暗花明又一村"的景象，既有现代之繁荣，又有乡野之古朴，既可登高远望，又可低俯鱼虫，既生态、环保，又便捷畅通，更有利于地域文化识别与认同。

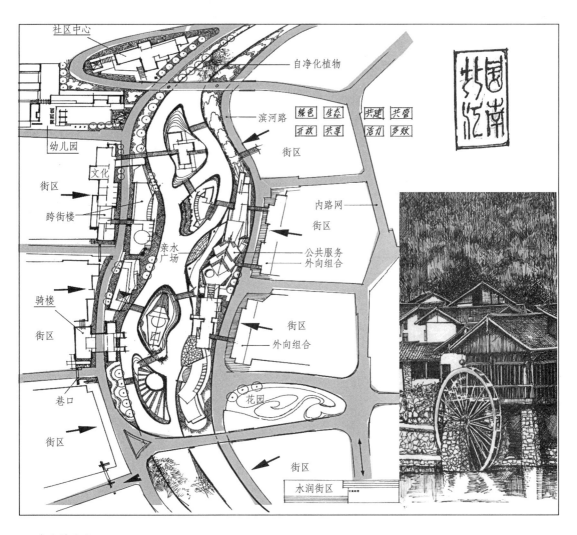

城市特色街区

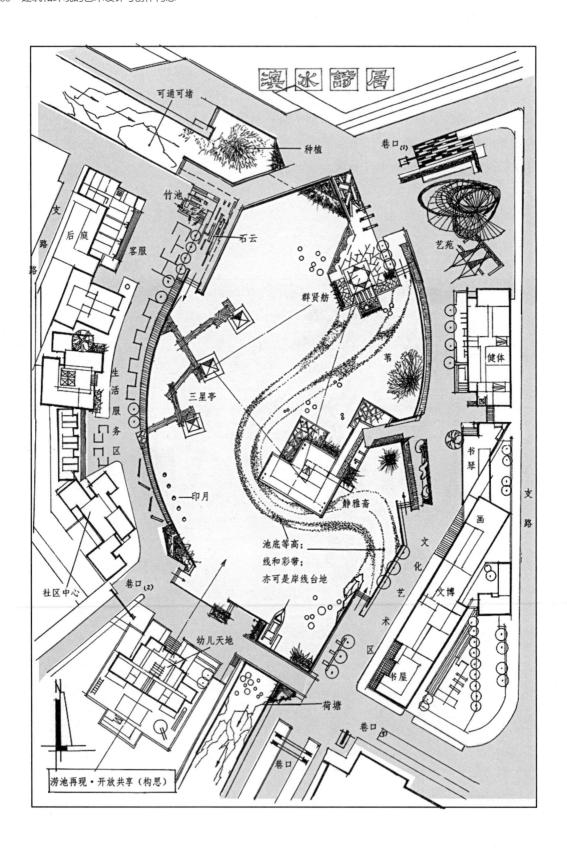

滨水诗居

可通可堵
种植
竹池
石云
后庭
客服
支路路
群贤舫
三星亭
苇
巷口(1)
艺苑
健体
书琴
画
文化艺术区
文博
书屋
生活服务区
印月
静雅斋
池底等高；
线和彩带；
亦可是岸线台地
社区中心
巷口(2)
幼儿天地
荷塘
巷口(3)
涝池再现·开放共享（构思）
N

水润街区

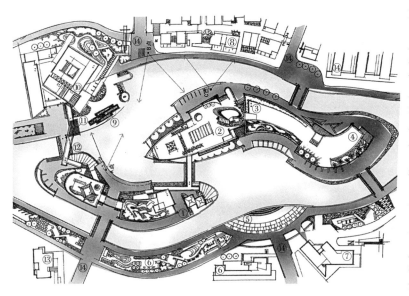

方案旨在突出"水在城中，人在水畔"的理念，人受益于水，不只在看，而要身临其境。古语说："身与物接境生，身与境接情生。"以水造景，不以面积大小论成败，而在于自然得体。岸线是沟通人与水互动的桥梁，也是自然生态和水文化的载体，蜿蜒曲折，步移景异，避免一览无余，使各处呈现多维的艺术展现，使江南水乡的小桥、流水、人家能在北方再现，以有限的水面，呈多彩的景观。

1-双塔楼（街区对景门户）；2-餐饮服务楼；3/4-综合服务楼；5-公共广场；6-艺展；7-会所；8-民俗商业街；9-山瀑；10-展览院；11-观景台；12-过街天桥；13-高层住宅；14-街区巷口

"天门山" 水岸东北角山体塑形 —— 片状石山及洞瀑示意（实而不堵，层次分明）
艺术性、观赏性、文化性、趣味性融于一体

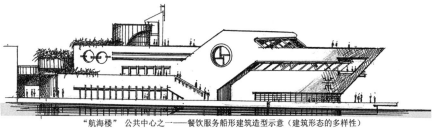

"航海楼" 公共中心之一——餐饮服务船形建筑造型示意（建筑形态的多样性）
多层次、立体化、象征性、谐趣性兼顾

"滨江村" 东岸——民俗商业街滨水一侧立面剪影示意（新中式尝试）
集展示性、体验性、异质性、乡野性、画卷气于一炉

水润街区

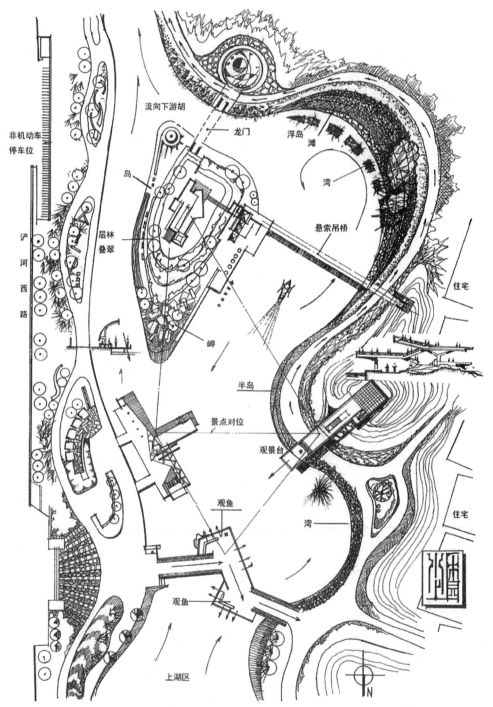

江南水乡，其最有魅力的特点便是枕河而居，临河一侧建筑成排、高低错落、小桥横跨、码头顺河、绿植穿插、水中船摇、倒影粼粼，好一幅美丽画卷。

在现代科技条件支撑下，上述意象是完全可以通过水体、建筑、绿植的重组重构后扬长避短，通过形构与形变进行改进，使之更好地再现。

水润街区方案构思

水润街区

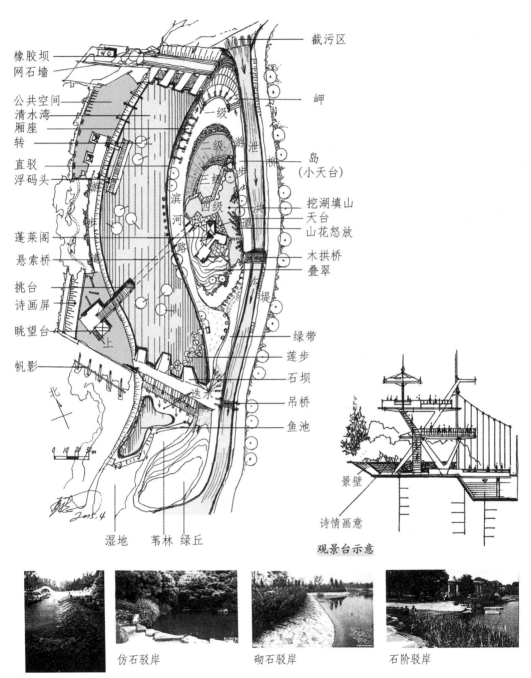

橡胶坝
网石墙
公共空间
清水湾
厢座
转
直驳
浮码头
蓬莱阁
悬索桥
挑台
诗画屏
眺望台
帆影

北

截污区
岬
一级
二级 游泳池
三级 步桥
四级
滨河路
洪水道
堤
岛
（小天台）
挖湖填山
天台
山花怒放
木拱桥
叠翠
绿带
莲步
石坝
吊桥
鱼池

湿地 苇林 绿丘

景壁
诗情画意

观景台示意

仿石驳岸

砌石驳岸

石阶驳岸

卵石驳岸

水润街区

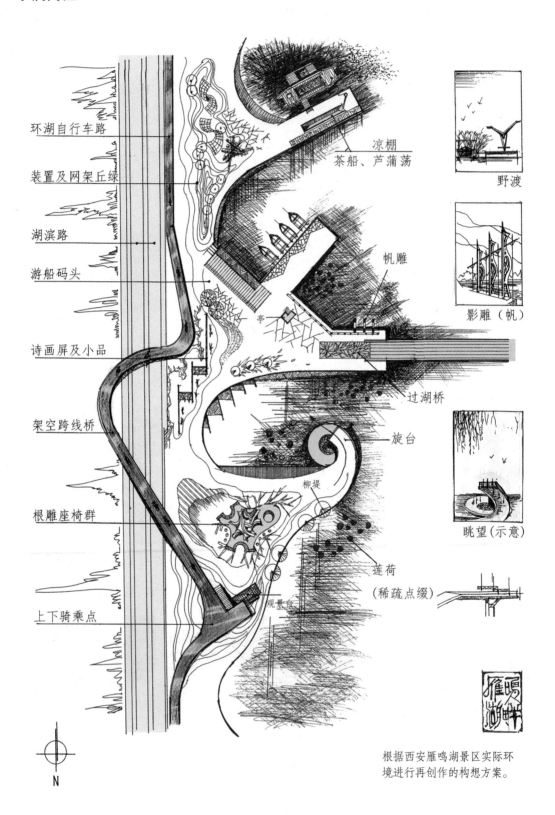

环湖自行车路

装置及网架丘绿

湖滨路

游船码头

诗画屏及小品

架空跨线桥

根雕座椅群

上下骑乘点

凉棚
茶船、芦蒲荡

帆雕

亭

过湖桥

旋台

柳堤

莲荷
（稀疏点缀）

观景台

野渡

影雕（帆）

眺望（示意）

N

根据西安雁鸣湖景区实际环
境进行再创作的构想方案。

水润街区

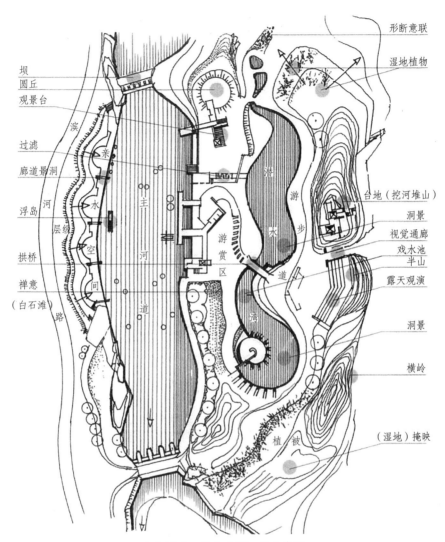

坝
圆丘
观景台

过滤
廊道景洞

浮岛

拱桥

禅意
（白石滩）
路

滨
亲
水
层级
空间
河

主河道

游赏区

港
游
水
步
道

湾

植被

形断意联
湿地植物

台地（挖河堆山）
洞景
视觉通廊
戏水池
半山
露天观演

洞景

横岭

（湿地）掩映

水分清浊·地分山河·场分线面

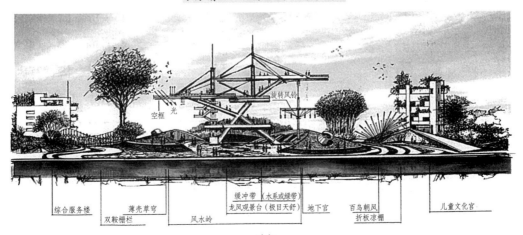

综合服务楼　薄壳草窏　双鞍栅栏　风水岭　缓冲带（水系或绿带）龙凤观景台（极目天舒）地下宫　百鸟朝凤折板凉棚　儿童文化宫

空框　光　旋转风铃

塔架

水润街区

城与水，邻接空间的几种形态构成示例。

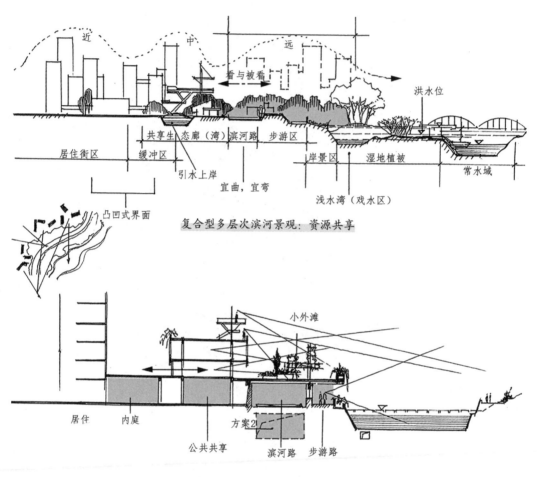

复合型多层次滨河景观：资源共享

"绵阳模式"：城市与水体无距离接触

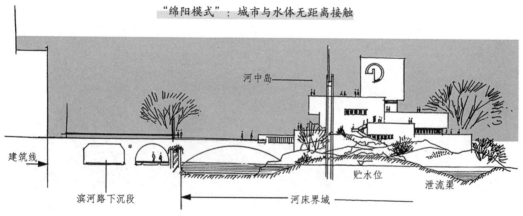

半岛型滨河景观：城市向河道延伸

水润街区

长桥短造，填充景观带，变单一通行功能为可行、可驻、可赏的多功能。

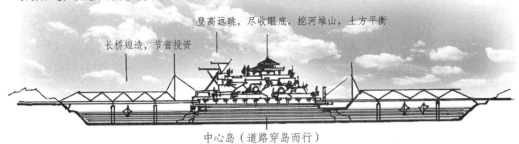

登高远眺，尽收眼底，挖河堆山，土方平衡

长桥短造，节省投资

中心岛（道路穿岛而行）

方案1：水绕山转，山依水秀

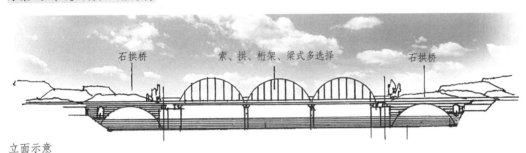

石拱桥　　索、拱、桁架、梁式多选择　　石拱桥

立面示意

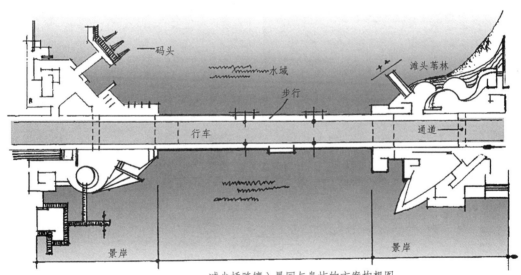

——码头

水域

步行

行车

通道

滩头苇林

景岸　　　　　　　　　　　　景岸

平面示意

减少桥跨镶入景园与岛屿的方案构想图。
受天水渭河段多座跨河桥景观单一的启发，产生更新再造的设想。

方案2：变单一功能为复合

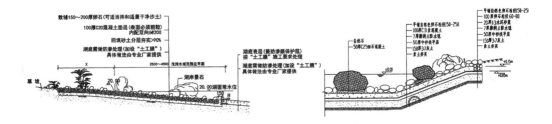

20-2　集中式、全天候、社区级老年活动中心

需要与可能

据统计，至2017年底，60岁老人已占人口总量的17.9%、65岁以上老人约为11%，这些老人中均有老有所养、老有所学、老有所为、老有所乐的需求。健身、聊天、晒太阳、纳凉、娱乐、讲故事、种花、遛鸟、练书法、学绘画，自理自慰的需要。一些机关、大院、高档社区都建有专门的老年活动中心，但散居的普通老人，却受季节、气候变化的影响，大部分时间都困守在"空巢"之中，甘耐寂寞与孤独。所以建社区级老年活动中心是必要的。为节约投资，采取开敞与封闭相结合的布局，并可通过办学习班、老年食堂、茶座等方式，以半营业的形式进行有偿服务。

空间布局

基本上按线性展开，成为街区公园组成的一部分，构成特色街区，展现为民谋利的城市品质，弘扬中华民族敬老爱幼的高尚品德。

街厅

复式街厅与平面型街厅相比，不仅使公共空间更有利于开放共享，而且更加生态环保，与喧嚣的城市车流实现立体的空间隔离，也丰富了景观层次，在一定意义上也增加了城市土地的利用价值。实施起来并无难度，也有经济回收效益和丰富社会文化生活的社会效益，有利于街巷空间活力。

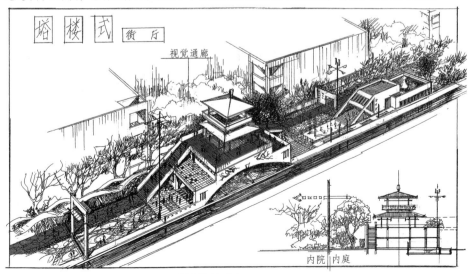

文博类活动中心

街厅

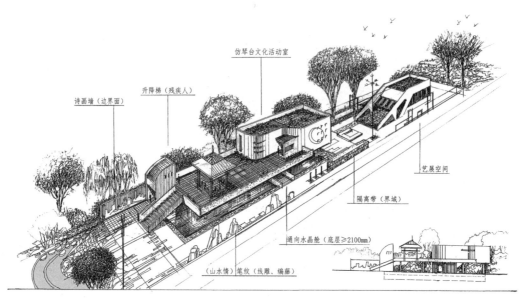

适老性：全天候、复层化、通透性、山水情、简素、平和、开放、共享。既考虑人与街的互动，又兼顾街与景的交融，形与意同构，情与景互衬。

建筑与环境共生，自然拥抱建筑之意象。

舱式全天候街厅

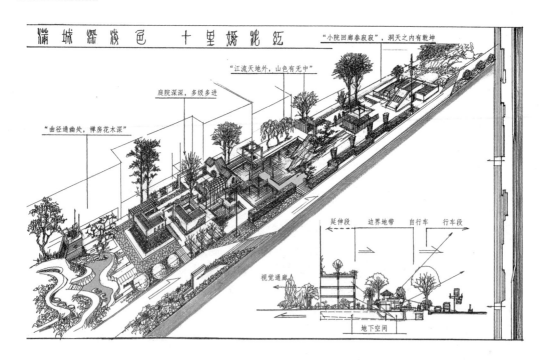

疗养院案例

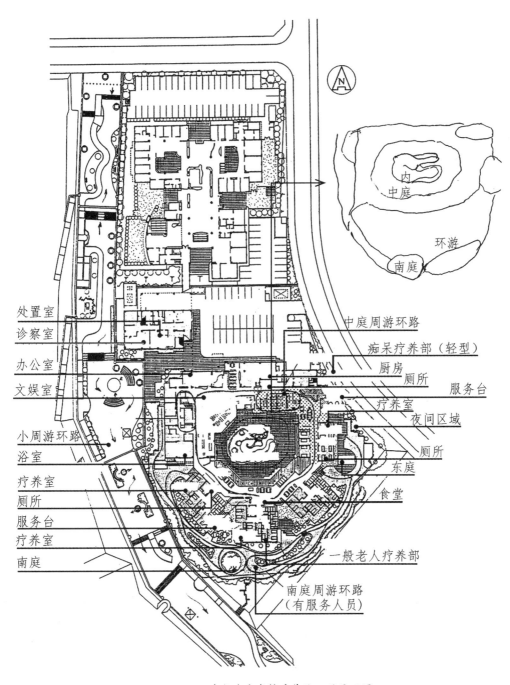

处置室
诊察室
办公室
文娱室
小周游环路
浴室
疗养室
厕所
服务台
疗养室
南庭

中庭周游环路
痴呆疗养部（轻型）
厨房
厕所
服务台
疗养室
夜间区域
厕所
东庭
食堂
一般老人疗养部
南庭周游环路
（有服务人员）

日本仙台市老龄疗养院一层平面图

占老年人群5%的痴呆老人，在生理上表现为对空间与时间的定位失灵，喜欢四处游走，不辨东西南北，也不知回家的路途，因此很容易发生意外。笔者的一位老同学某日外出后，五日不见回家，最后得知流浪到某市场，当家人找到时已是衣衫褴褛，满口砂石。所以，此类人群需要社会和医疗单位的特殊关照。日本仙台市老龄疗养院的救护措施很值得称赞，请关注此例。

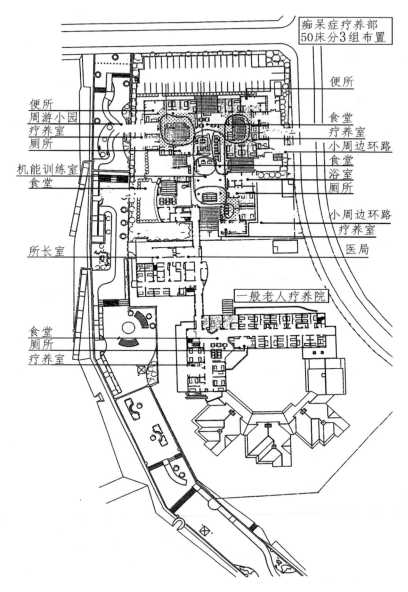

便所
便所
周游小园
疗养室
厕所

机能训练室
食堂

所长室

食堂
厕所
疗养室

痴呆症疗养部
50床分3组布置

便所

食堂
疗养室
小周边环路
食堂
浴室
厕所

小周边环路
疗养室
医局

一般老人疗养院

日本仙台市老龄疗养院二层平面图

该院并未采取强制措施，而是采用疏导与监护相结合的措施，设置了中庭、外庭、周游环路，以满足患者的自由流动，并在监护视野中得到安全防护。

养老院方案设计

理念：养生先养心，身老心不老。建筑与环境共生，场所与精神同在。生命常春，活力永存，最美夕阳红。
造境、富情乃造景永恒之"道"。布局：游有连续步道，驻有亭台相依，观有远中近层次；步移景异，
动静有别；目无虚视，天外有天。

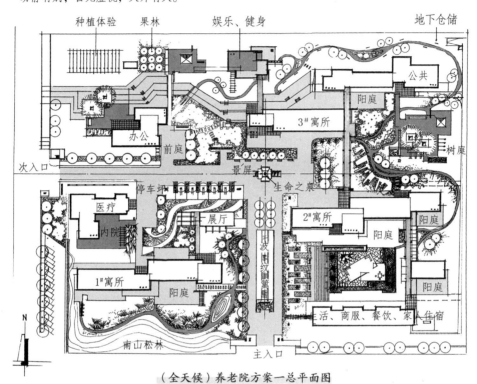

（全天候）养老院方案一总平面图

养老院方案二总平面图

20-3   开发儿童智能空间

身心发育好，智商开发好，文脉传承好

古有孟母择邻、劝学断机、司马光砸缸、闻鸡起舞、曹冲称象等故事，旨在勉励儿童从小励志。幼儿是身心全面发育期，除充足的营养、快乐地玩耍外，身体锻炼和智力开发也很重要。

在优厚的物质条件下，加上和平幸福的社会环境和家长的溺爱，胖娃娃多了、体弱的多了；由于兴趣班的负荷太重，儿童过早地承受了竞争压力，这些都是值得关注的社会现象应注意以下几点。体脑结合：在游戏中进行身体锻炼，按兴趣开发智力，创办各种启蒙性的展馆、美术馆、实验场，寓教于乐。在动手动脑中有效地开发智力。

文脉传承：少年强则国强。儿童是民族文化的传承人，为了保住民族文化的根与魂，必须从儿童抓起。不是空洞的口头说教，而是要从兴趣、爱好因势利导，如诗词、歌曲、绘画，或手工技艺、非遗传承、语言文学、科技信息、爱国情怀……

兴趣多样：儿童有与生俱来的意义追踪天性，有较强的概括力和超过成年人的想象力。所以儿童的世界应是多彩的、丰富的、新颖的，有利于调动思考和实践。

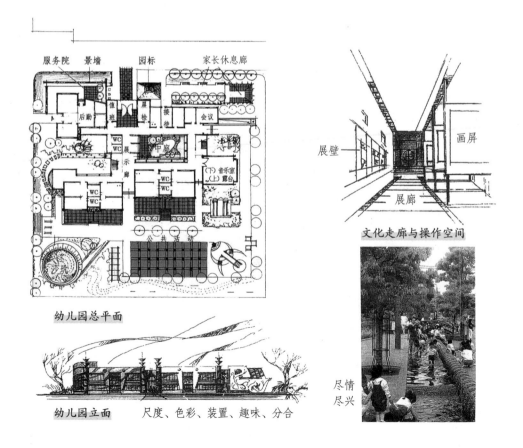

幼儿园总平面

幼儿园立面   尺度、色彩、装置、趣味、分合

文化走廊与操作空间

尽情尽兴

儿童乐园

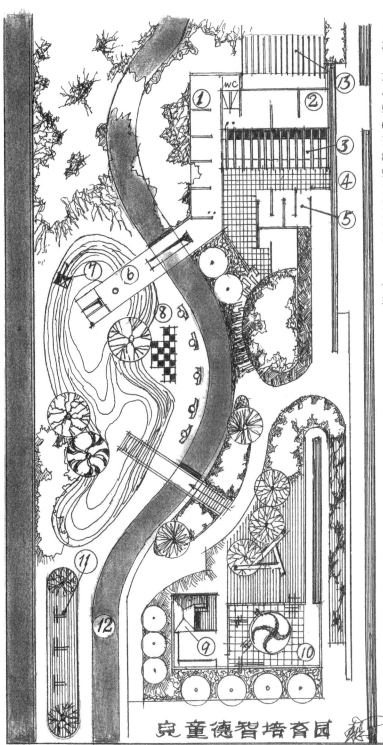

1-习作厅
2-礼、乐、诗
　文、画、歌舞
3-阳光厅
4-外体廊
5-艺展
6-高架连桥
7-禽舍
8-五彩庭
9-手工器械
10-室外拆装
11-游戏、射
12-轮滑、骑
13-耕作

传统有大艺，
现代多选择。

儿童德智培育园

儿童乐园小品

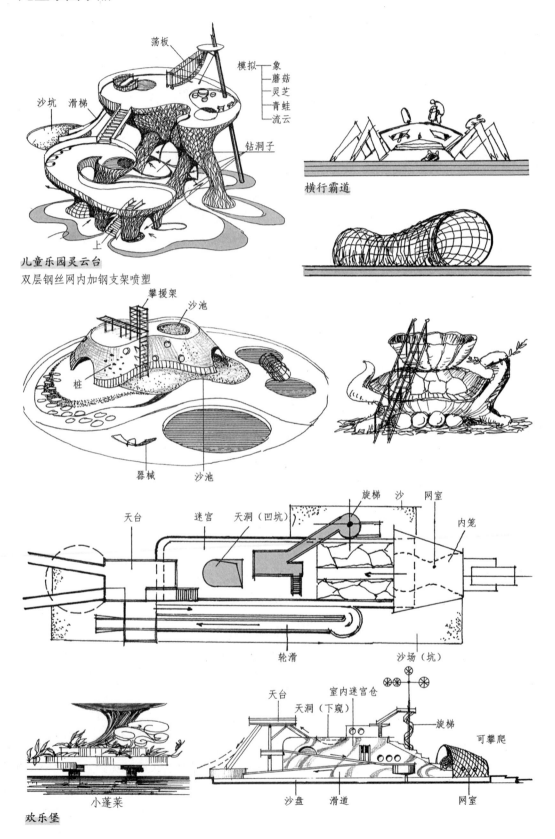

荡板

模拟 象 蘑菇 灵芝 青蛙 流云

沙坑　滑梯

钻洞子

上

儿童乐园灵云台

双层钢丝网内加钢支架喷塑

横行霸道

攀援架　沙池

桩

器械　沙池

天台　迷宫　天洞（凹坑）　旋梯　沙　网室

内笼

轮滑　沙场（坑）

天台　室内迷宫仓　天洞（下窥）　旋梯

可攀爬

小蓬莱

沙盘　滑道　网室

欢乐堡

儿童乐园小品

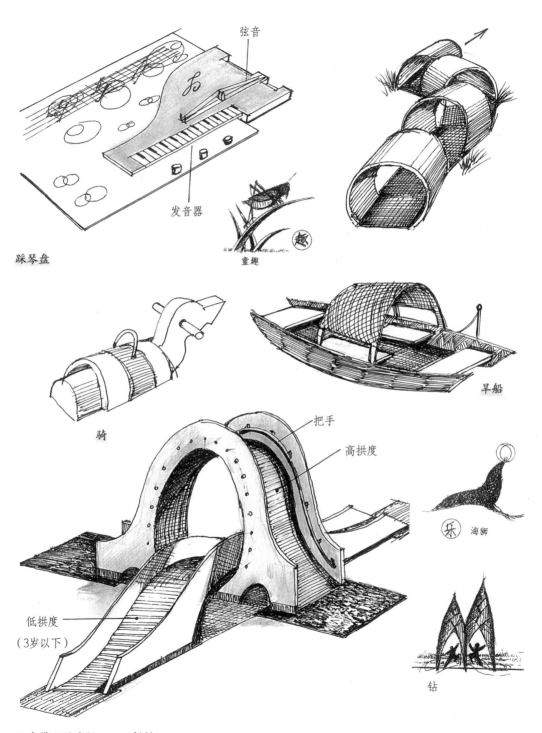

弦音

发音器

踩琴盘

童趣

骑

旱船

把手

高拱度

低拱度
（3岁以下）

海狮

钻

儿童攀爬游戏场——双拱桥

儿童乐园小品

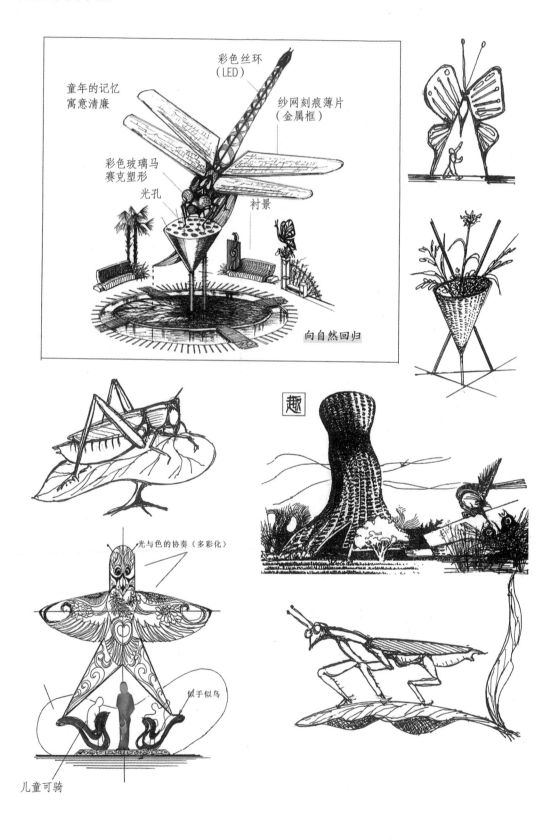

儿童乐园小品

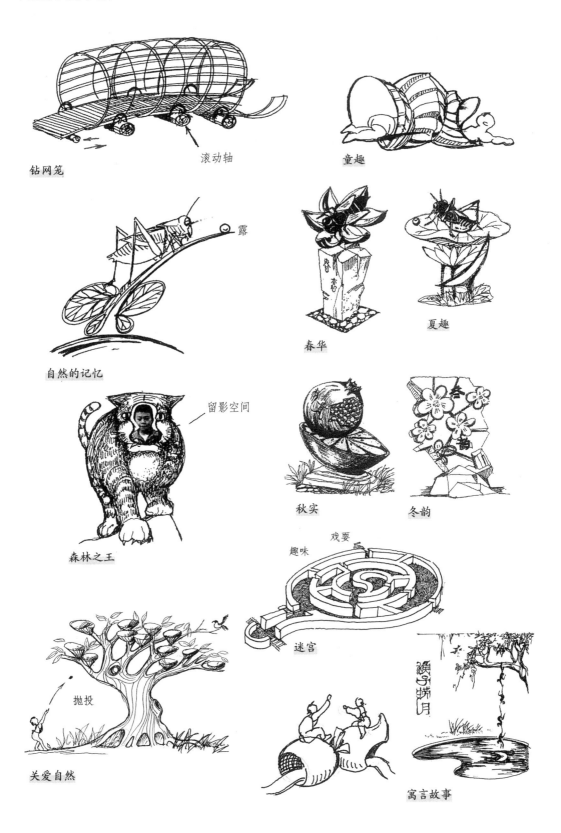

钻网笼

滚动轴

童趣

露

自然的记忆

春华

夏趣

留影空间

秋实

冬韵

森林之王

趣味

戏耍

迷宫

抛投

关爱自然

寓言故事

21

园林小品创作

情满龙湖　　寻根探源　　蝴蝶谷

天地随缘　　万顷松涛　　生肖迎主

修禅悟道　　生态体验

鱼？　　蝶？

根雕石座

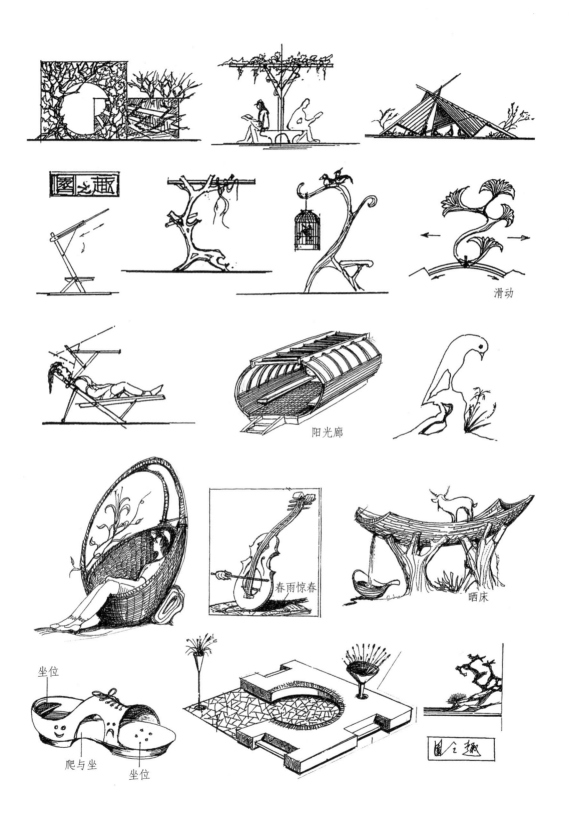

圆之趣

滑动

阳光廊

春雨惊春

晒床

坐位

爬与坐   坐位

园之趣

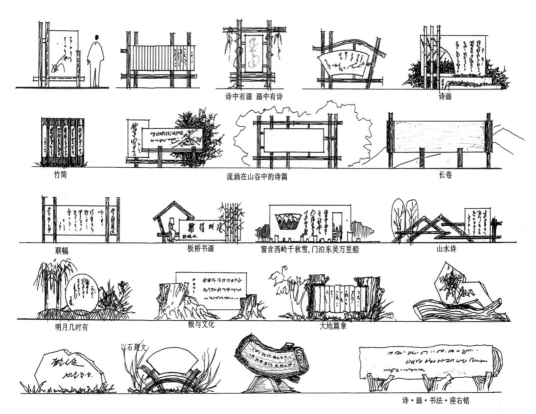

千步诗林的创意举例

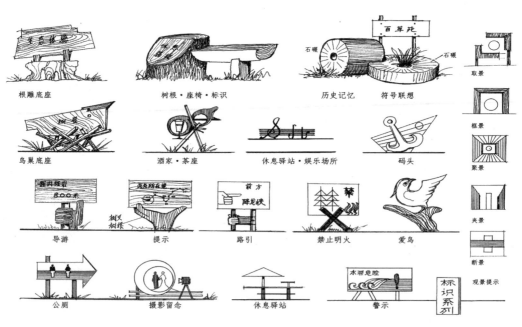

标识系列

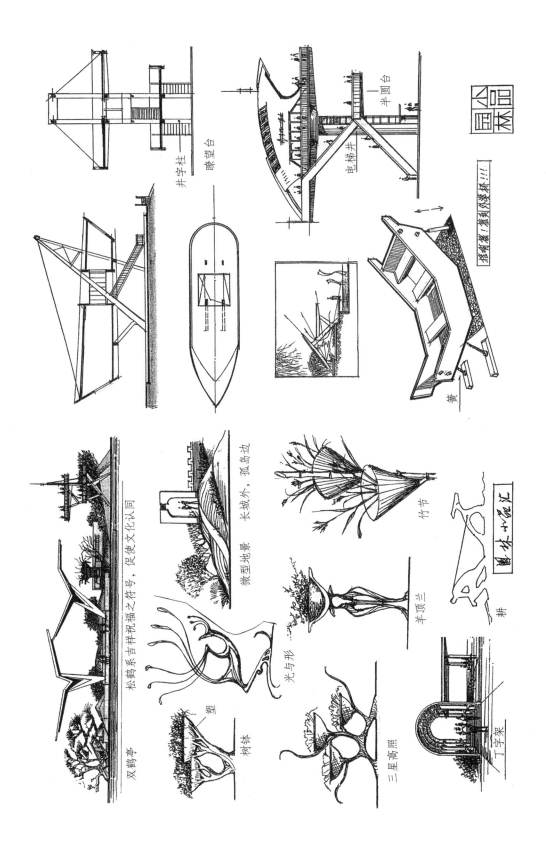

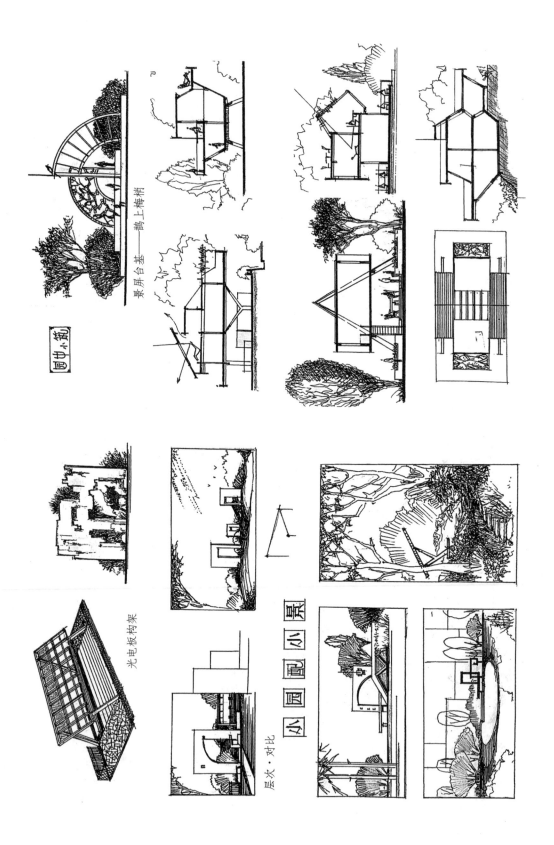

景屏台基——鹊上梅梢

园中小筑

光电板构架

层次·对比

小园画小景

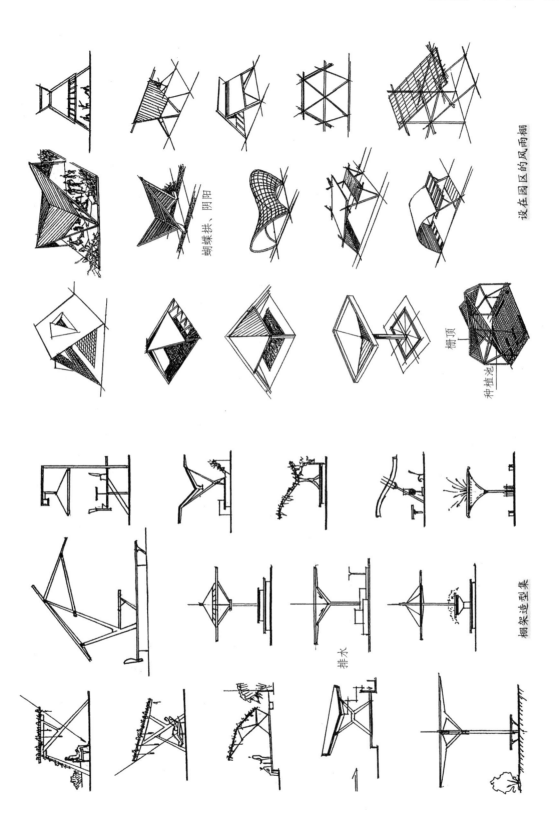

设在园区的风雨棚

蝴蝶拱，阴阳

棚顶

种植池

棚架造型集

排水

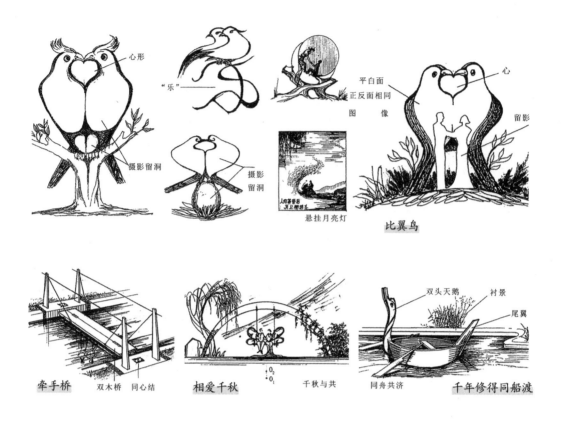

比翼鸟

悬挂月亮灯

牵手桥　双木桥　同心结　　相爱千秋　　千秋与共　　同舟共济　　千年修得同船渡

记住乡愁——供体验、触摸、留影、阅读、形成情景互动

高下相倾——高山流水式（造坡）　　曲折幽深——平淡中显情趣　　模与形——金鸡唱晓

为了打破平淡的环境氛围，常在较大水面的近岸，设置浮岛（竹、木排上的种植与小品），或在草地上安置石筏，形成声、形、光影等趣味性小品，抑或在树干上悬挂飘动造型，为人提供情感体验。

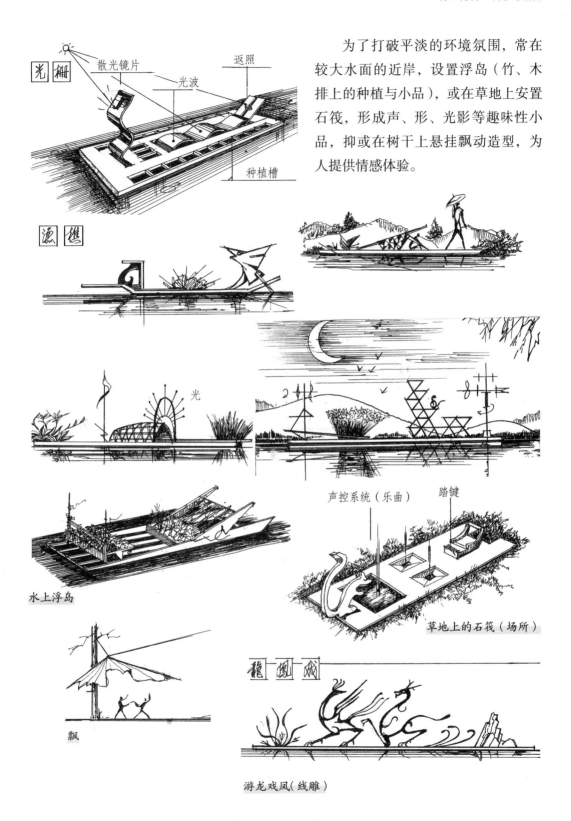

光栅

散光镜片
光波
返照
种植槽

渔樵

光

水上浮岛

声控系统（乐曲）
踏键

草地上的石筏（场所）

飘

龙凤戏

游龙戏凤（线雕）

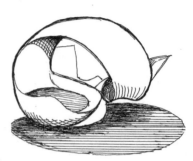

奇特的座椅

回文、拆字诗可吸引大家的兴趣，从朦胧到解读，趣味生成。

在桃源洞景区立的诗碑

拥抱（根雕）

跳龙门（树雕）

闪光点

闪光点

闪光点

镶反射
彩想
模拟双腿

园之趣

高水平（瓶）幸福之门

闪光点

吹奏

金鸡唱晓

日月同辉

文房四宝

牧童游春

平(瓶)安幸福

雪山晚照

层林叠翠

奋进

景屏——承载文化与生活

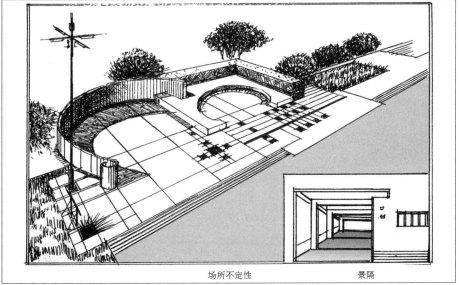

场所不定性

景隔

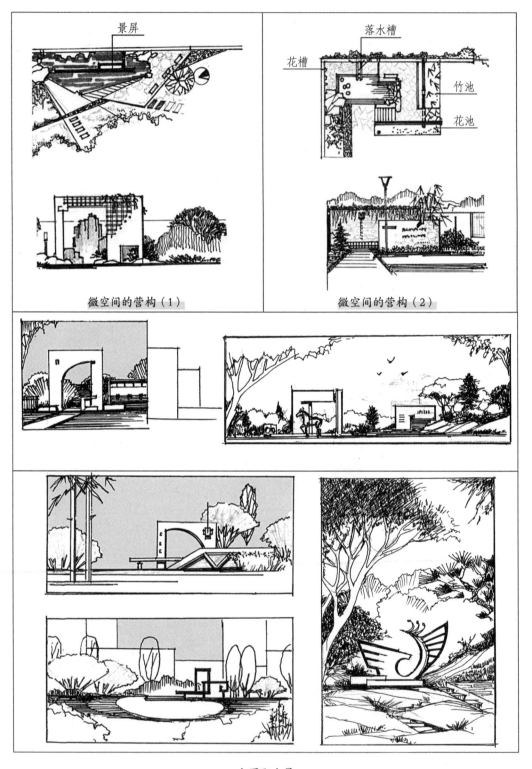

景屏

落水槽

花槽

竹池

花池

微空间的营构（1）　　　　　　微空间的营构（2）

小园配小景

竹笼观景构想
天、地、人浑然一体

竹月式

开敞空间中营造"奥"空间

漏窗式

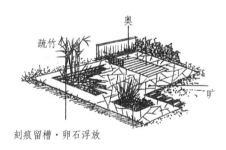

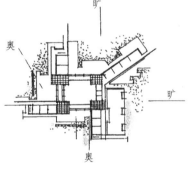

刻痕留槽·卵石浮放

帘幕式

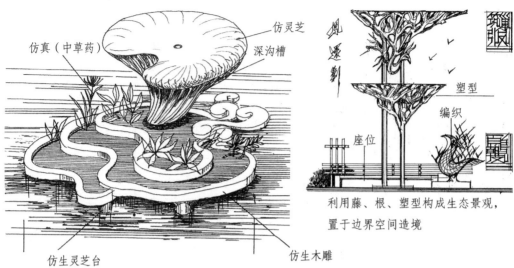

仿真（中草药）
仿灵芝
深沟槽
仿生灵芝台
仿生木雕

凤逐剑

塑型
编织
座位

利用藤、根、塑型构成生态景观，
置于边界空间造境

古拙与轻柔

牵牛、紫藤、金银花、瓜类……
水·种植钵·光与色变化幻影

仿生小品

生机—根与魂（塑性）　刚柔相推、疏密相间

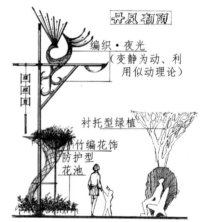

丹凤朝阳

编织·夜光
（变静为动、利
用似动理论）

衬托型绿植
竹编花饰
防护型
花池

街景　空间场与空间流（行与驻）
边界空间造景—自然生态与趣味性相结合

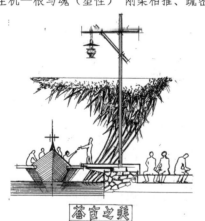

苍古之美

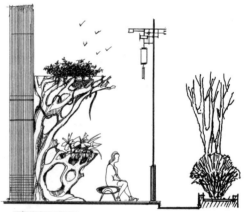

古雅之美　街景构想

第四部分

作业示范及设计实践

城市广场兼文化展馆

22-1 山东某市案例

项目要求：封闭式展馆管理与开放式市民文化活动广场相结合。

空间布局：对内封闭，对外开放。

设计定位：位于城市中心，兼有市民、旅游、文化艺术中心三重作用的广场。

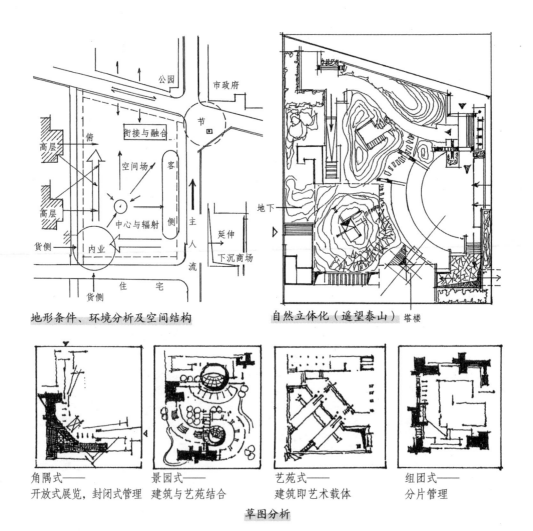

地形条件、环境分析及空间结构　　　　　自然立体化（遥望泰山）塔楼

角隅式——　　　　景园式——　　　　艺苑式——　　　　组团式——
开放式展览，封闭式管理　建筑与艺苑结合　建筑即艺术载体　分片管理

草图分析

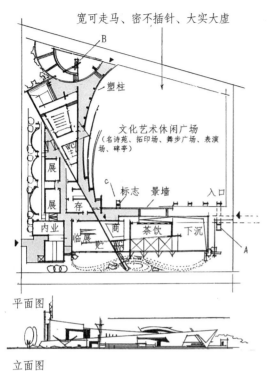

宽可走马、密不插针、大实大虚

文化艺术休闲广场
（名诗苑、拓印场、舞步广场、表演场、碑亭）

平面图

立面图

角隅式布局：疏密留白、流曲变形

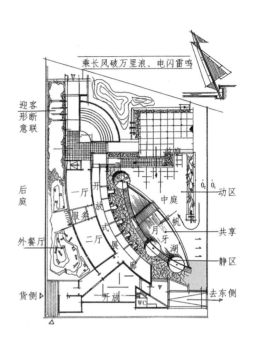

乘长风破万里浪、电闪雷鸣

自由式布局

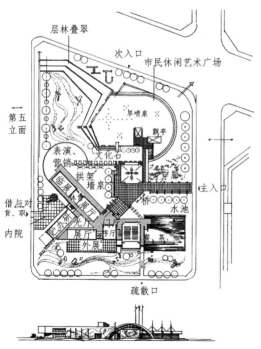

市民休闲艺术广场

辐射式布局：多中心、层叠、环抱

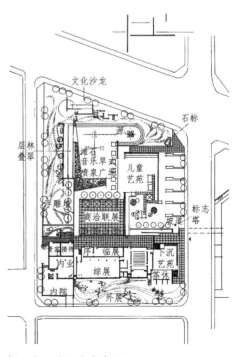

文化沙龙

板、条、块组合式布局

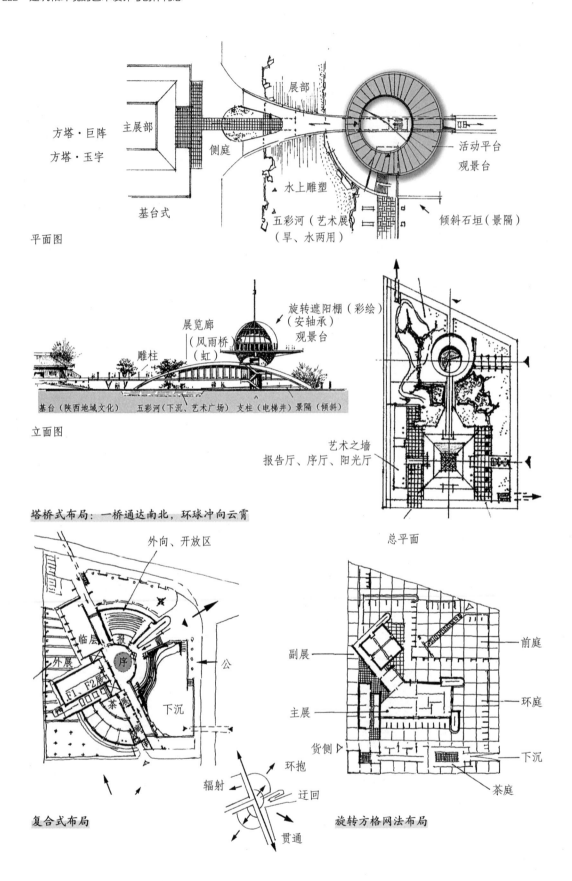

方塔·巨阵
方塔·玉宇

主展部

展部

侧庭

基台式

水上雕塑

五彩河（艺术展
（旱、水两用）

活动平台
观景台

倾斜石垣（景隔）

平面图

展览廊
（风雨桥）
（虹）

雕柱

旋转遮阳棚（彩绘）
（安轴承）
观景台

基台（陕西地域文化）　五彩河（下沉、艺术广场）　支柱（电梯井）景隔（倾斜）

立面图

艺术之墙
报告厅、序厅、阳光厅

塔桥式布局：一桥通达南北，环球冲向云霄

外向、开放区

临层

外展

F1、F2

茶画

序

公

下沉

总平面

副展

主展

货侧

前庭

环庭

下沉

茶庭

复合式布局

环抱
辐射
迂回
贯通

旋转方格网法布局

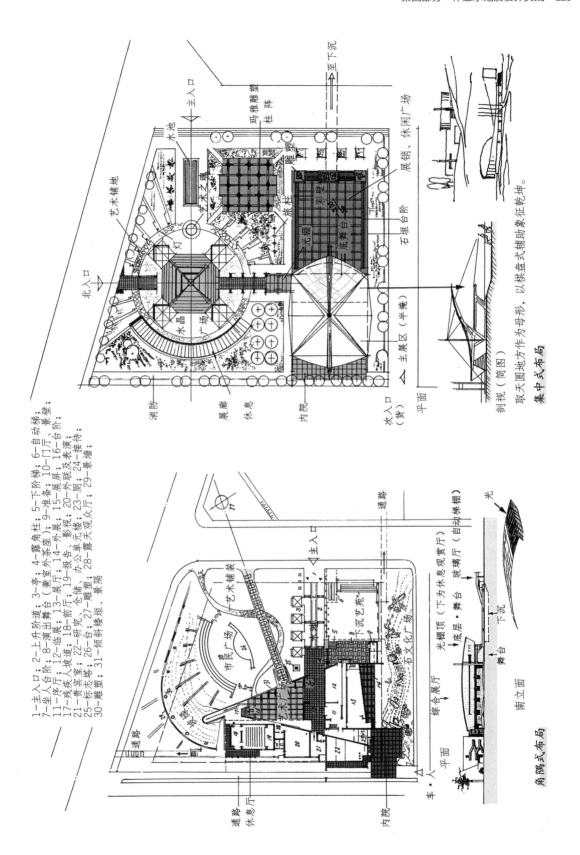

1—主入口；2—上升阶道；3—亭；4—露角柱；5—下阶梯；6—自动梯；
7—坐人台阶；8—演出舞台（兼室外茶座）；9—准备；10—门厅，16—合演；
11—序厅；12—临展；13—展厅；14—外展；15—展屏；20—外联及表演；
17—残疾人坡道；18—前厅；19—报告、办公单元楼；23—圆；24—接待；
21—贵宾室；22—研究；25—示志塔；26—台；27—雕塑；28—露天观众厅；29—景墙；
30—雕塑；31—顺斜续垣、景隔；

集中式布局

取天圆地方作为母形，以棋盘式辅助象征乾坤。

平面

剖视（简图）

角隅式布局

平面

南立面

22-2 青海某市案例

题目：承载某省六十二项非物质文化遗产的演（展），以及城市文化主题公园。

规模：场地面积50000m²，建筑面积10000m²。

区位：城市中心地带主干道一侧。

设计周期：一周内完成，主要以总平面图反映。

学生作业情况：绝大部分同学对题目性质理解不清，忽视公园的作用和非物质文化展演的多种模式，将房屋建筑满铺在场地上，成为展示的主体，背离了题目的主旨。有鉴于此，为了提升设计理念与设计方法，特绘制了几种可行性方案作为示范。

解题：

非物质文化分布在全省各地，属第一文化载体。异地展示属第二文化载体，除部分以静态实物展示之外，还有许多需要现场演示、屏幕再现等。建筑的形式只是一种媒介，非直接展示对象，有的只是需要场地。况且，大部分场地应成为市民（特别是老人与儿童）日常休闲游憩的生态园艺。10000m²的建筑，可以单、多层结合，也可以以大分散、小集中的组合形式进行总体布局，大部分场地皆应是可流动又可停驻的生态公园。

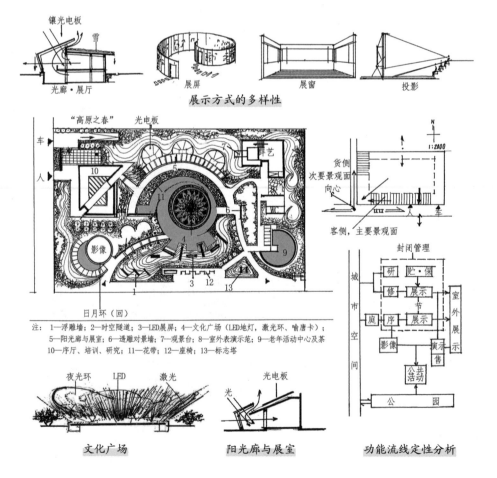

展示方式的多样性

注：1—浮雕墙；2—时空隧道；3—LED展屏；4—文化广场（LED地灯，激光环、喷唐卡）；
5—阳光廊与展室；6—透雕对景墙；7—观景台；8—室外表演示等；9—老年活动中心及茶；
10—序厅、培训、研究；11—花带；12—座椅；13—标志塔

文化广场　　　阳光廊与展室　　　功能流线定性分析

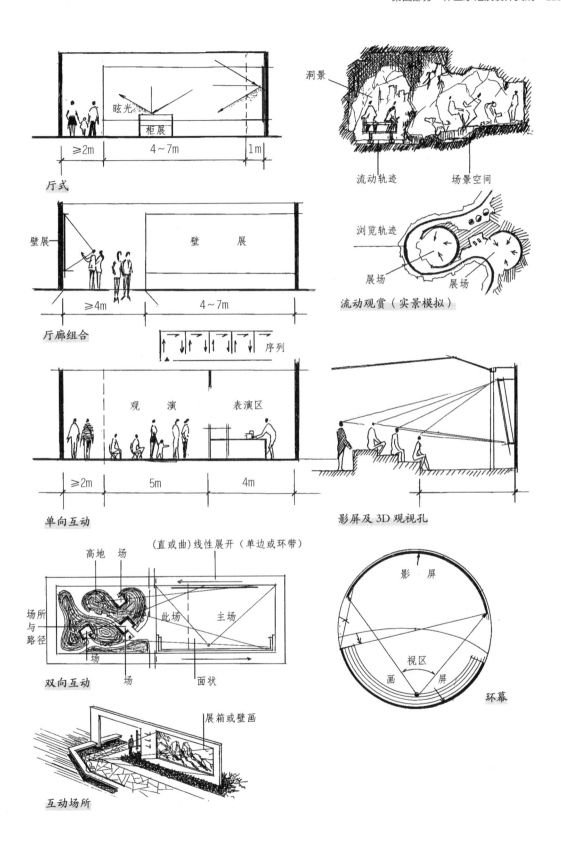

厅式

眩光

柜展

≥2m 4~7m 1m

洞景

流动轨迹 场景空间

壁展

壁 展

≥4m 4~7m

厅廊组合

浏览轨迹

展场 展场

流动观赏（实景模拟）

序列

观 演 表演区

≥2m 5m 4m

单向互动

影屏及3D观视孔

（直或曲）线性展开（单边或环带）

高地 场

场所与路径

此场 主场

场 面状

双向互动

影 屏

视区

画 屏

环幕

展箱或壁画

互动场所

定性与定位：生态、文化、大众休闲、城市居民共享的文化公园。

职能：兼有展贮、研究培训、演示、施教、宣传导示、销售、娱乐多功能；对内封闭管理，对外长效开放。

环境设计：与城市融合渗透，建筑与环境共生，弘扬场所精神，寓教于乐，赋形授意，突出文化的主旋律。

空间组合：建筑乃沟通主客体文化交流的中介媒体，在消解建筑体量感的同时，强调有机整体性，有序与无序结合，突出生长性、连续性、识别性、灵活性，建筑风格不强化民族特性，力求和谐包容，室内外并展，地尽其用。

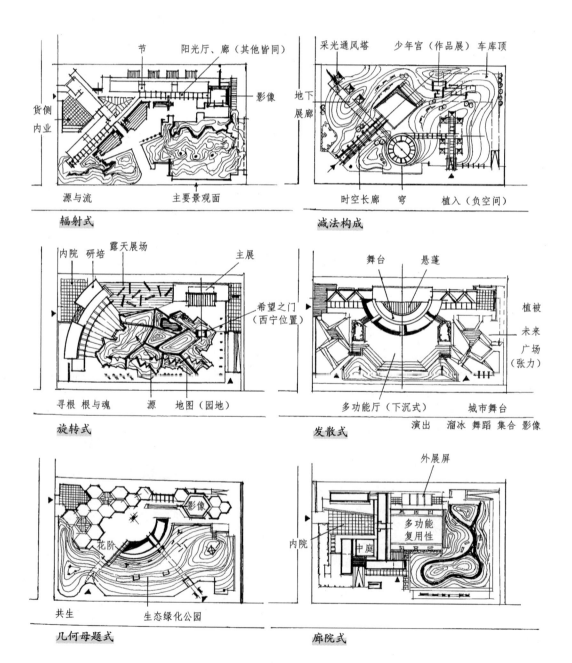

23

多功能、多选择之公共中心

多功能活动中心的基本组合方法，与其他功能空间大体相同，都是以路径联系场所，都要体现整体性，结构合理，有机生长，建筑与环境共生。其不同点是：它不是线性构成的时空序列，具有一时一场多选择性；为集散方便，宜便捷安全；适应多功能，要分得开、聚得拢；宜充分利用场地，发挥边界效应，内外互动。

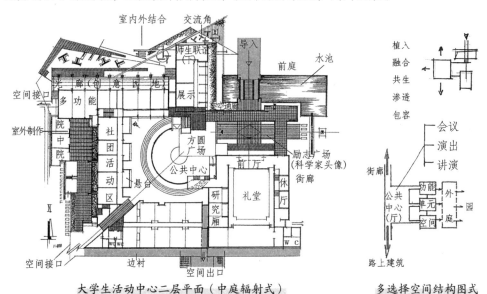

大学生活动中心二层平面（中庭辐射式）

多选择空间结构图式

建筑艺术展览中心
方案

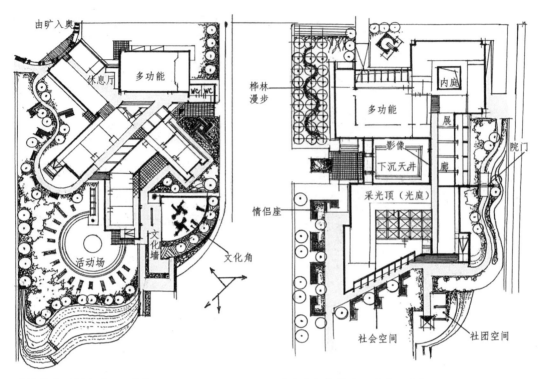

旋转构成法组合（三叉式）　　　　廊院串组构成（一廊连三院）

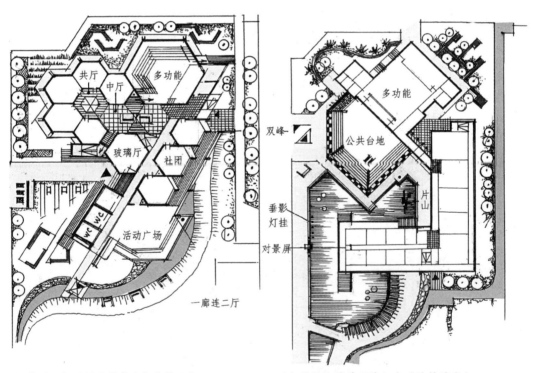

六边形几何母题法构成（大小单元）　　以水景活化简单形体组合（旋转镶嵌）

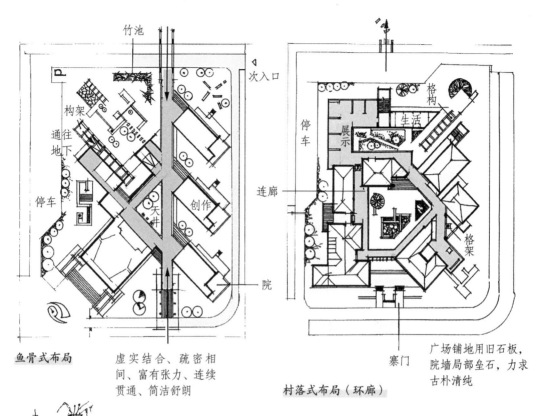

鱼骨式布局

虚实结合、疏密相间、富有张力、连续贯通、简洁舒朗

村落式布局（环廊）

广场铺地用旧石板，院墙局部垒石，力求古朴清纯

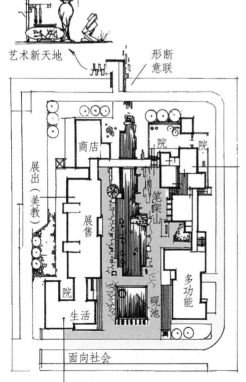

组群式布局（内外有别·双向互动）

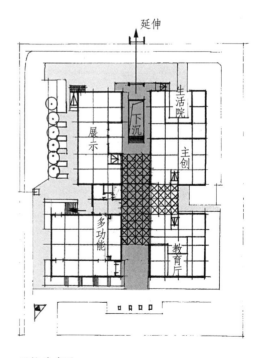

网格法布局

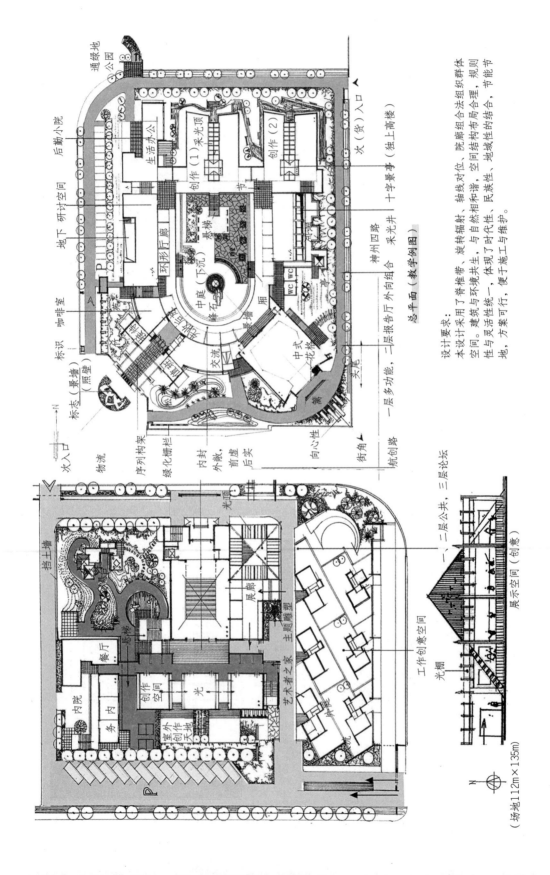

标志（景墙）（照壁）

次入口

标识 咖啡室

物流

序列构架

绿化栅栏

内封

外敞，前虚

后实

通绿地

后勤小院

公园

生活办公

地下 研讨空间

环形厅廊

中庭（下沉）

创作（1）采光顶

悬梯

峰石群

创作（2）

节

次（货）入口

神州四路 采光井

一层多功能，二层报告厅 外向组合

十字景事（独上商楼）

中式花柱

交流

影墙 景墙

wc wc

向心性

内院外敞后实

街角

航创路

设计要求：

本设计采用了脊椎带、旋转辐射、轴线对位、院廊组合法组织群体空间。建筑与环境共生，与自然相和谐，空间结构布局合理，规则性与灵活性统一，体现了时代性、民族性、地域性的结合，节能节地，方案可行，便于施工与维护。

总平面（教学例图）

挡土墙

光顶

光梯

总梯

餐厅

内院

务内

创作空间 光

室外创作天地

艺术者之家

主题雕塑

展廊

一、二层公共，三层论坛

工作创意空间

光棚

展示空间（创意）

（场地112m×135m）

N

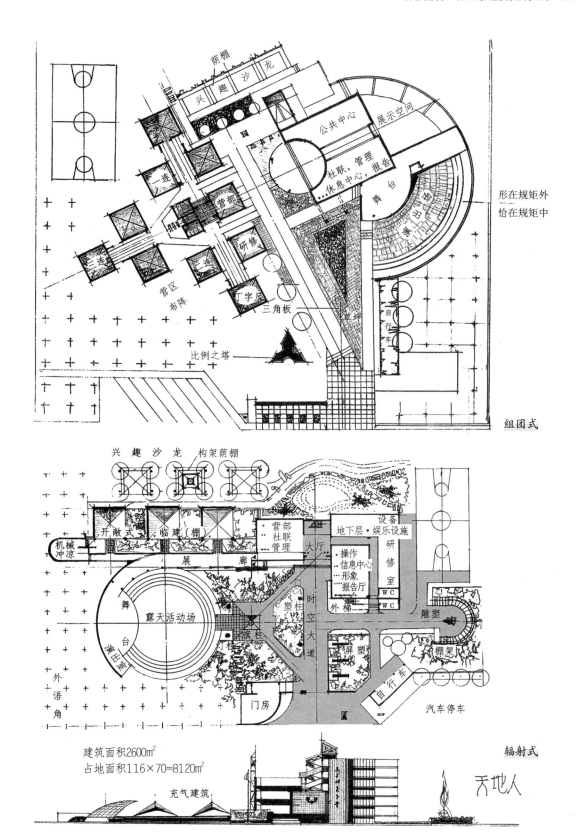

组团式

辐射式

建筑面积2600m²
占地面积116×70=8120m²

天地人

充气建筑

24

历史性建筑与现代空间的时空隔离

24-1　某市中心区的赵文化苑

题目：赵文化苑。

条件：在城市中心道路一侧，拟修建一座赵文化纪念苑，展现古代赵文化的内涵，激励现代人奋发图强和创造的精神。

解题：胡服骑射、邯郸学步、完璧归赵等内容，展现纪念性空间，需营造相应的场所精神，以施教化。

该项目与城市中心区的主要道路直接毗邻，一侧为居民住区，一侧为绿建的文化苑。设计的基本构思是将邻路一侧辟做市民活动空间，中间层次用于文化展馆，深部用于文化苑的线性序列。

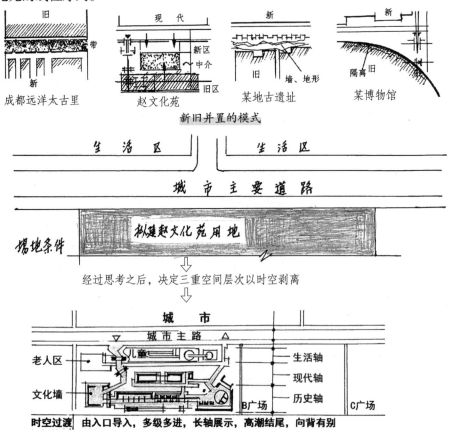

成都远洋太古里　　赵文化苑　　某地古遗址　　某博物馆

新旧并置的模式

经过思考之后，决定三重空间层次以时空剥离

时空过渡　由入口导入，多级多进，长轴展示，高潮结尾，向背有别

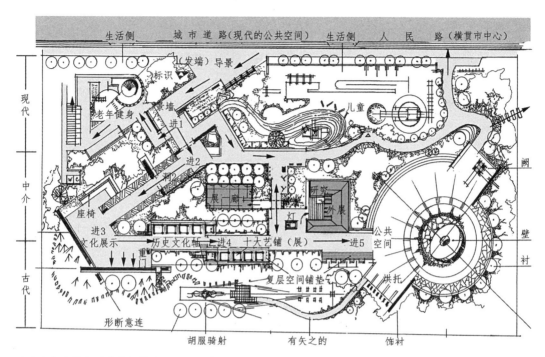

此为邯郸市城市道路南侧修建的赵文化苑构想图，为表现时空隔离，靠路一侧为市民活动区（属现代），中部为研究展馆（属中间隔离带），最南侧为赵文化展示区（属古代）。

划分现代、中间、古代三种层次的总平面图

入口引导

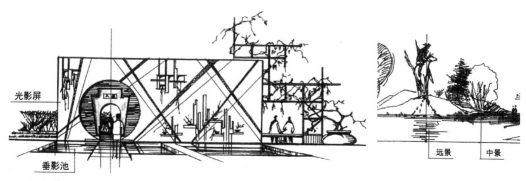

二门分景

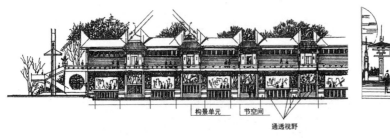

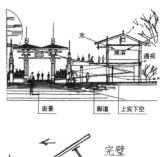

上层博物馆（展示展演），下层开敞式展廊，地面艺术铺装

立面图

完璧

景区入口——景门、景隔

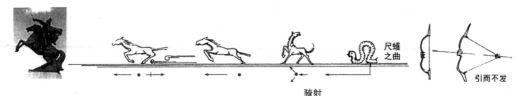

骑射

引而不发

景观界域性结构　　编织艺术——动态与动势，变实为虚，变确定为不定，变静为动，似与不似之间，调动参与

景观造势

24-2 距市区较近的博物馆与遗址空间组合

距今七千两百年的新石器时代，母系社会聚落遗址，在某市北陵以西。

改造设计要求：1. 遗址与展馆可两侧或同侧；2. 按长序组织参展活动；3. 建筑即展示对象的一部分，底界面不求平整划一，可接近原始地形地貌；4. 走入生活，体味古聚落生活原型。

历史博物馆具有展示和纪念的双层作用，其建筑形式不仅是功能的载体和艺术的表达，更重要的，它是沟通纪念者（行为主体的人、参观者）和被纪念者（行为客体的物与事、被参观者）的联系纽带与桥梁。即是说，反映古老的内容，不一定用古老的建筑形式和豪华的装饰艺术。首要的是环境氛围要将人带入历史的思考之中，使人的思想与情感沉浸在文脉传承之中，引起参观者的时空联想，慎终追远，得到内心的感悟，而非独自表现建筑自我。

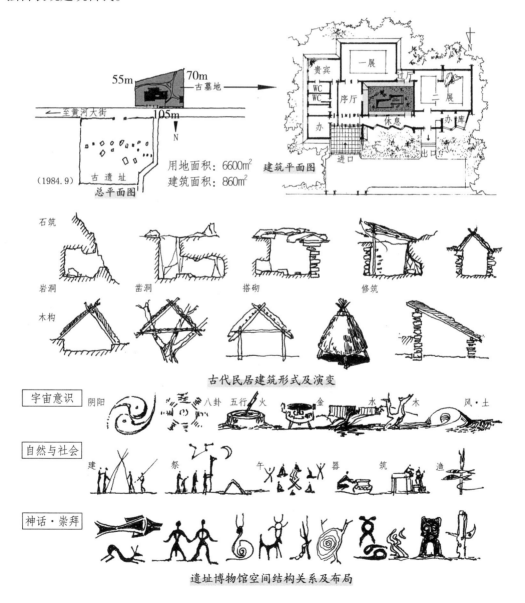

遗址博物馆空间结构关系及布局

两地展示方案

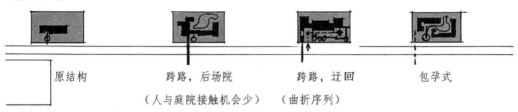

原结构	跨路，后场院	跨路，迂回	包孕式
	（人与庭院接触机会少）	（曲折序列）	

条件分析及结构空间布局

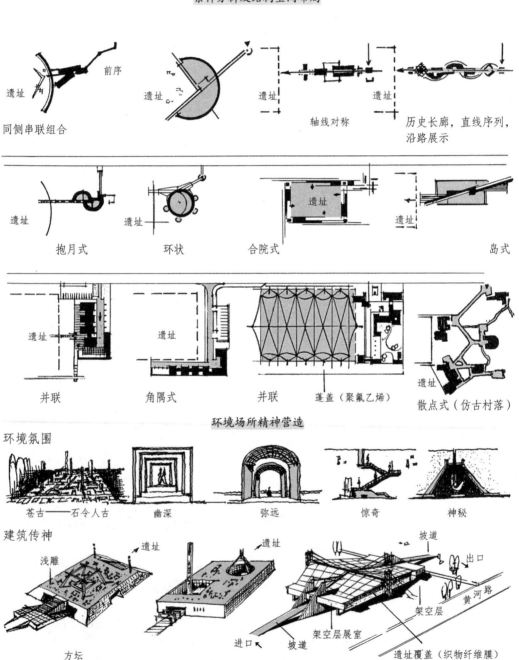

同侧串联组合　　　　　　　　　　　　　　　　轴线对称　　　　历史长廊，直线序列，
　　　　　　　　　　　　　　　　　　　　　　　　　　　　　　沿路展示

抱月式　　　　环状　　　　合院式　　　　　　　　　　　岛式

并联　　　　角隅式　　　　并联　　蓬盖（聚氟乙烯）　　散点式（仿古村落）

环境场所精神营造

环境氛围

苍古——古令人古　　曲深　　　弥远　　　惊奇　　　神秘

建筑传神

浅雕　遗址　　　　　　遗址　　　　　　　坡道　出口

方坛　　　　　　进口　坡道　架空层展室　架空层　黄河路
　　　　　　　　　　　　　　　　　　　　　遗址覆盖（织物纤维膜）

空间结构与场所精神

以下建筑方案，是作者指导西安交通大学建筑学专业进行方案设计时，据学生初步构思提炼而成。

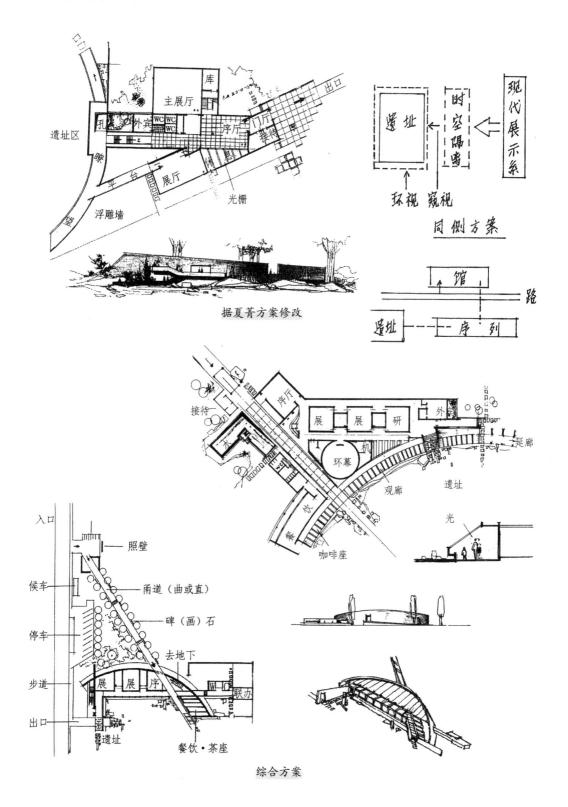

据夏菁方案修改

综合方案

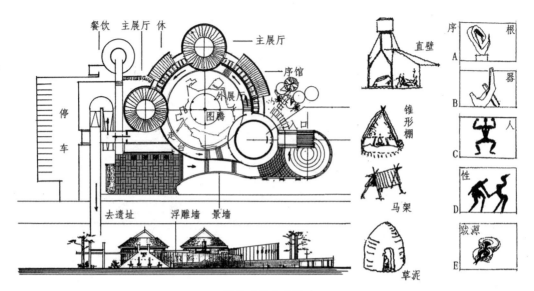

据熊瑞健方案修改

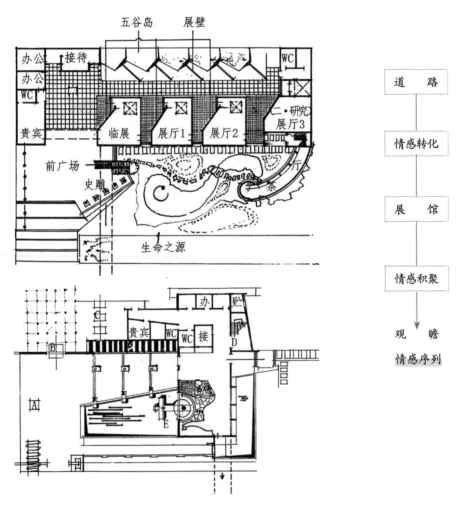

据黄杨方案修改

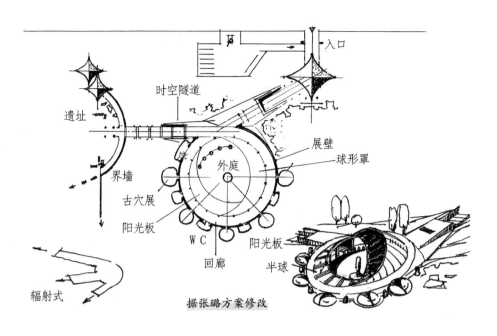

辐射式

据张璐方案修改

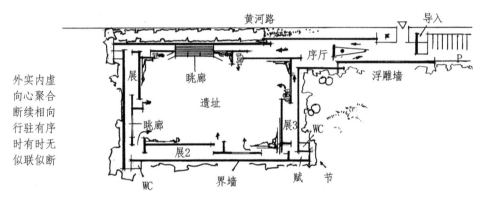

外实内虚
向心聚合
断续相向
行驶有序
时有时无
似联似断

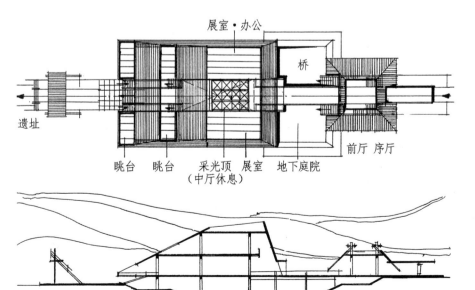

据张成祥、孙霄英方案修改

其他设计实践

25-1 高速公路服务区

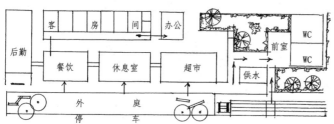

本设计为场所构成功能组织及标识设计。全国有几千座高速公路服务站（单侧计），属于大量性质相同的建筑，要体现出各自的特色。

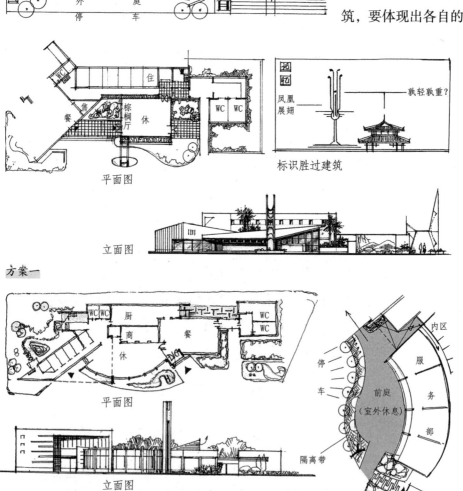

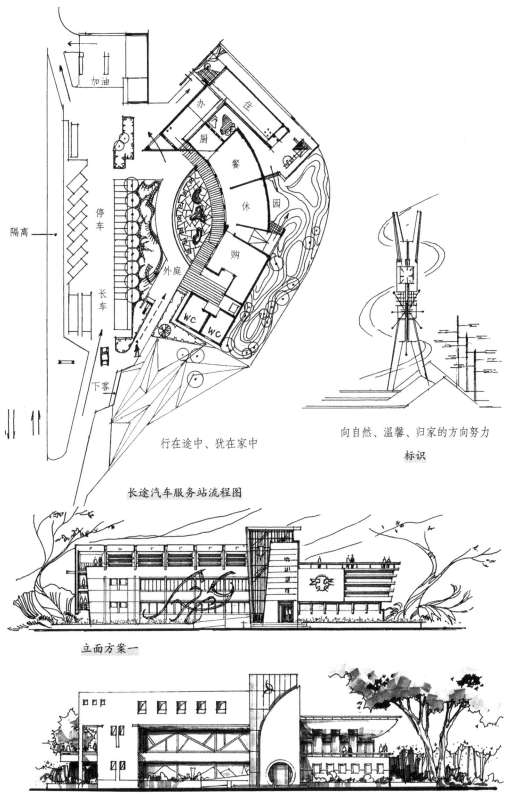

行在途中、犹在家中

长途汽车服务站流程图

向自然、温馨、归家的方向努力

标识

立面方案一

立面方案二

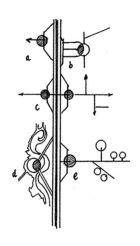

a-独立式；b-远点辐射式；
c-过桥分立式；d-风景区一角；
e-向旅游点辐射式

服务区类型

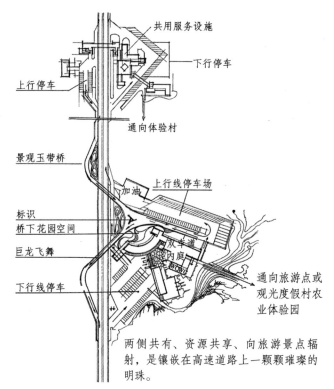

两侧共有、资源共享、向旅游景点辐射，是镶嵌在高速道路上一颗颗璀璨的明珠。

跨线桥式双停共用服务设施方案

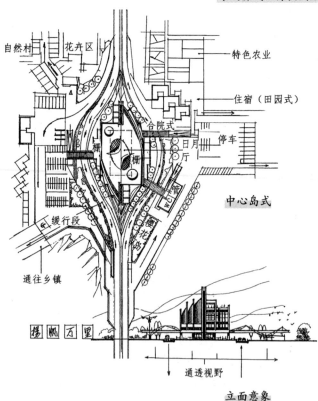

立面意象

消除同质化、突出唯一性。通过式与旅游目的地相结合，增强体验性场所效应，提供地域特色商品，延迟滞留时间，促进再访性。

采用过桥式空间结构，利用中心岛形成对景；利用田园风光，让休闲、观光、旅游、民宿一体化，实现快慢结合，资源共享。

立面造型：似帆似邮轮，迎客面避免锐角相对。为避免平面呆板，利用格构消解立面。弧形面为防止眩光，采用多波形破解，并有多帆竞技之感。

25-2 丹青画院

院址：大型植物园一角，游客必经之路。组成：创作园地、培训中心、展示画廊、书画兼顾、讲解销售。要求：开放展示，内向封闭，建筑与环境共生，生态、活泼、有艺术性，风景如画。特点：地形不规则，多方向对应，场地无死角，建筑密度疏密适度，均衡分布，顺应自然，活泼有序。

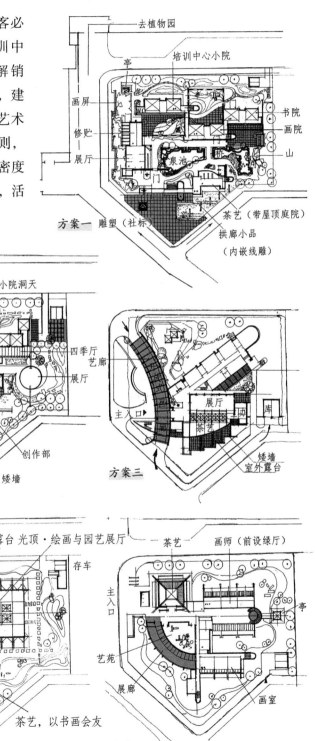

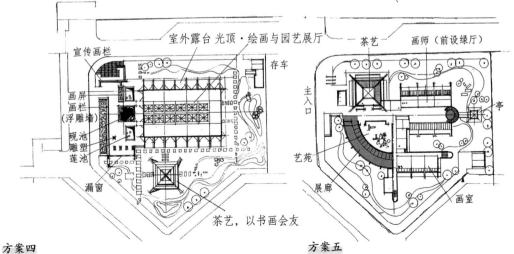

25-3 村镇改造规划

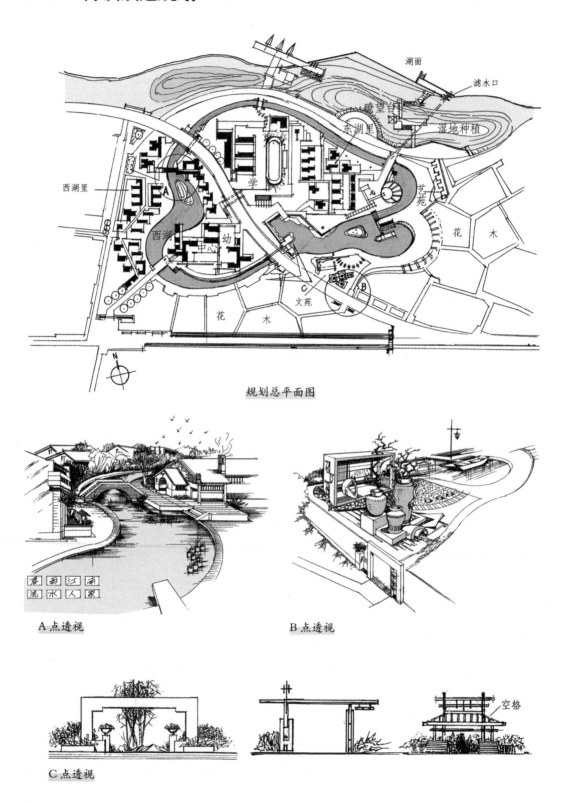

规划总平面图

A点透视

B点透视

C点透视

25-4　住区边界袖珍公园改造方案设计

　　情况简述：该三处分三个层级，一为22m×13m，一为50m×60m，均为街角。另一处为135m×52m，属街边公园。经组织学生多人多次调查后，按居民需要，对原方案做了调整设计，并为优化而做了多方案比较。

　　三处公园基本地形条件如下。

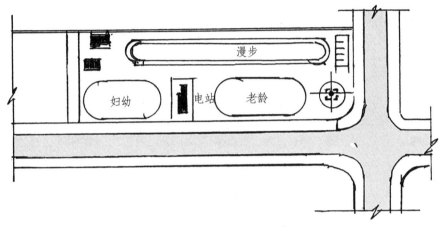

第一处公园基地周边环境

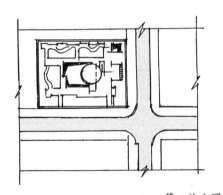

第二处公园基地周边环境

　　三处公园呈大、中、小三种空间尺度。但是在使用要求上均需满足相似的功能需要，只存在容量上的差异。

　　可见，园不论大小，只需按"异性同构"原则进行组构。

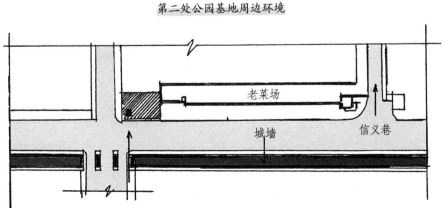

第三处公园基地周边环境

第一处公园

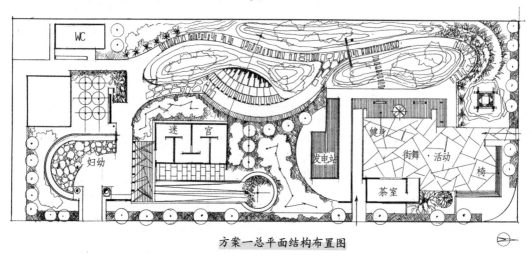

方案一总平面结构布置图

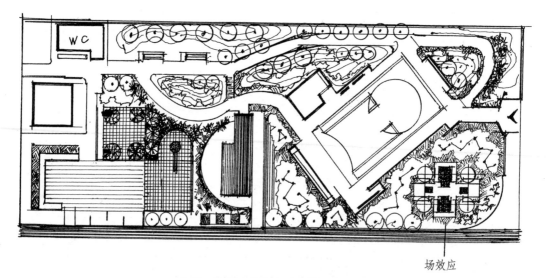

方案二总平面结构布置图（绿色场）

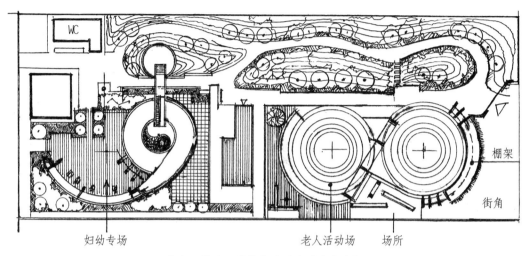

妇幼专场　　　　　　　　　　老人活动场　　场所

方案三总平面结构布置图（刚柔共济）

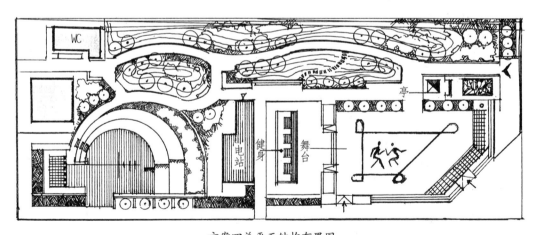

方案四总平面结构布置图

第二处公园

　　该公园位于西安市汉城路——凤城三路路口街角，为市民休闲袖珍公园的改创方案（60m×50m）。

　　文化内涵：取天圆地方之寓意，空间上取上下分层、高低错落，富于变化；行为场所：具有多选择效应，兼顾冬、夏、晴、雨；景观方面：利用心理窗口，加强景深，营构小院洞天。

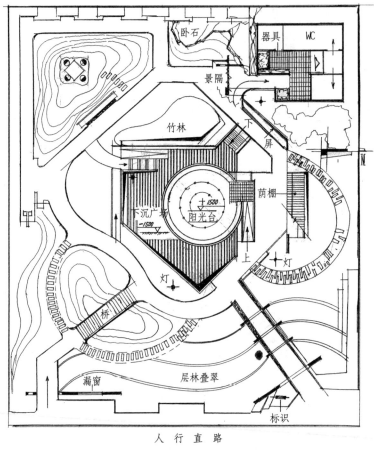

空间结构平面图

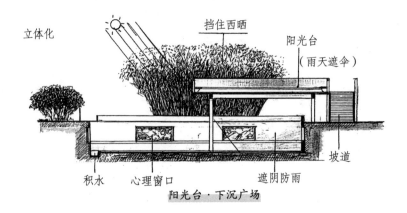

阳光台·下沉广场

第三处公园

市井特色：街头巷尾，鸟语花香，层林叠翠。清纯的如荷叶上的露珠，惬意在柴米油盐。夏荫冬阳，仰望有城垛之雄姿，由城俯瞰有小苑之淡雅，美哉，市井！乐哉，市井！

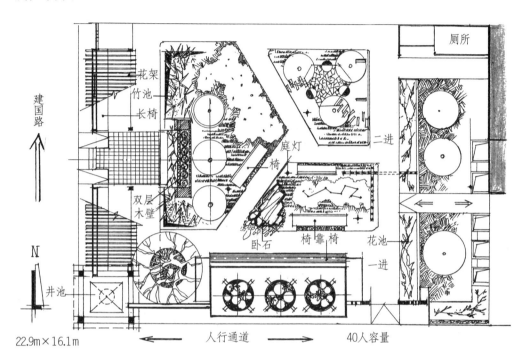

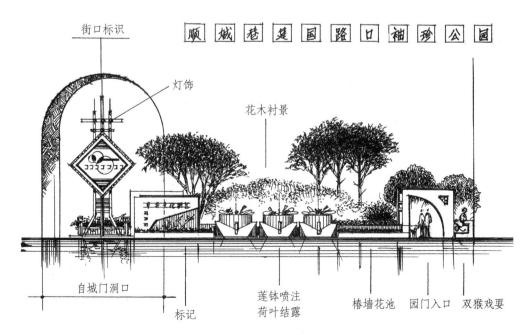

方案一总平面及立面设计

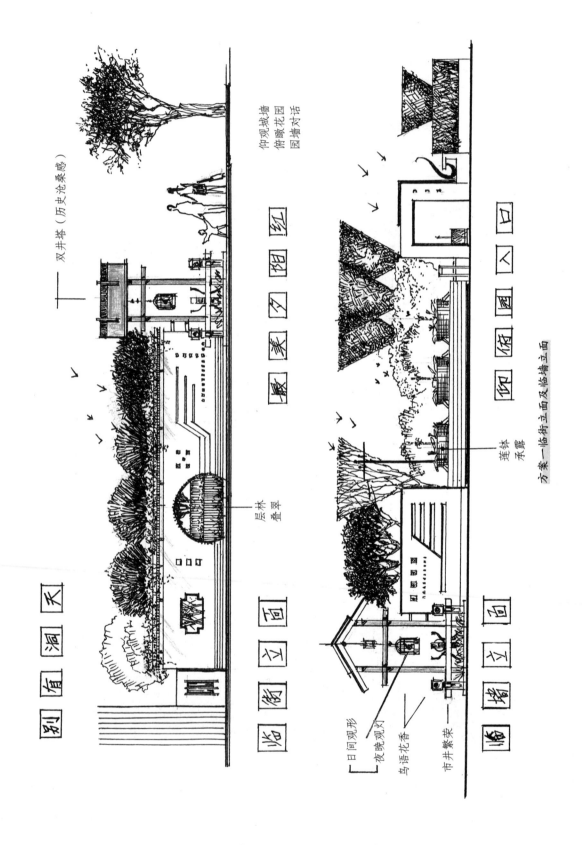

别有洞天

临街立面

报秀夕阳红

仰观城墙　俯瞰花园　园墙对话

双井塔（历史沧桑感）

层林叠翠

日间观形　夜晚观灯　鸟语花香　市井繁荣

莲杯承露

临墙立面

卯俯园园入口

方案一临街立面及临墙立面

市井，承载着惬意的幸福生活。虽然没有更多的浪漫与喧嚣，却有人生之百态，是普通人平淡而清闲的慢生活的缩影，是世俗的写照。少了几分虚假的装饰，却多了些普通人的真实，这就是市井。

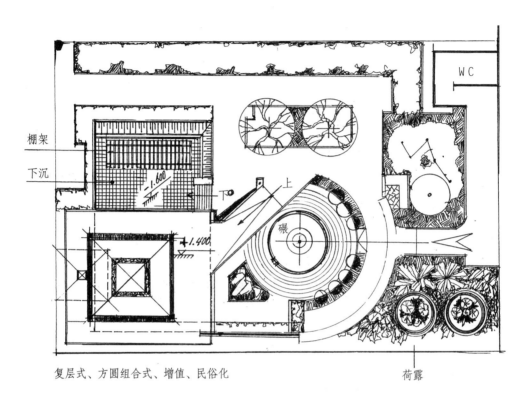

复层式、方圆组合式、增值、民俗化　　　　　　　　　　　荷露

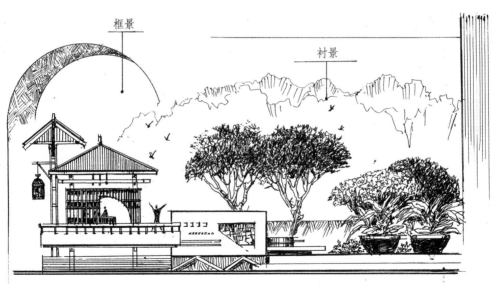

第二方案立面

方案二总平面及立面设计

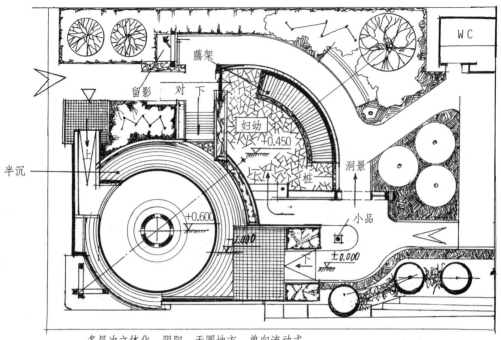

多层次立体化、阴阳、天圆地方、单向流动式

方案三总平面结构布置图

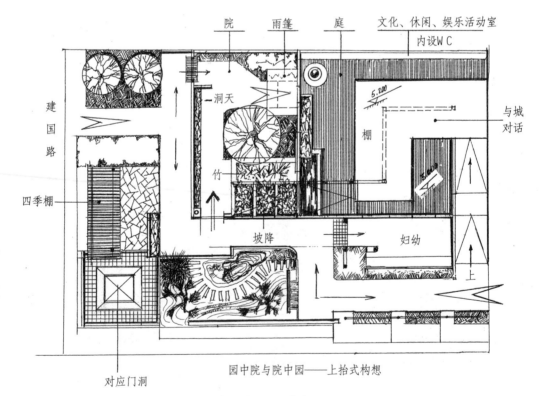

园中院与院中园——上抬式构想

方案四总平面结构布置图